Bruder Adam

—— Meine Betriebsweise

Bruder Adam

Meine Betriebsweise

IMKERN WIE IM KLOSTER BUCKFAST

MIT KOSMOS MEHR ENTDECKEN
DAS
Standard-
werk
SEIT 1822

KOSMOS

Inhalt

Basiswissen für Buckfastimker – zur siebten Auflage

40 Jahre, nachdem die Welt der Imker erstmals von Bruder Adams Betriebsweise und Vorgehensweise in der Zucht erfuhr, die für manchen Imker und Bienenwissenschaftler etwas revolutionär Neues darstellte, haben sich gegenwärtig die Imker, die nach Bruder Adams Betriebsweise arbeiten, als „Buckfastimker" zu zahlreichen Imkerorganisationen im In- und Ausland zusammengeschlossen. Bruder Adams Publikationen, unter anderem die vorliegende, wurde in fünf Sprachen übersetzt.

Bruder Adam „Meine Betriebsweise" ist ein Standardwerk der Imkerliteratur, dessen Inhalt so aktuell ist wie zum Zeitpunkt des ersten Erscheinens. Einstiegsliteratur für Imkeranfänger, Basiswissen für den Buckfastimker oder für den, der es werden will. Seine Art der Bienenzucht ermöglicht Berufsimkern ein wirtschaftliches Arbeiten, Hobbyimkern höchsten Freizeitspaß.

Der wirtschaftliche Erfolg in Bruder Adams Betriebsweise basiert auf der Zuchtarbeit. Die Imker profitieren heute von der wissenschaftlichen Forschungsarbeit Bruder Adams, seinen Erkundungsreisen in Sachen Honigbiene. Das Leben eines Mönches eignete sich auf eine besondere Weise für ein solches Vorhaben. Bruder Adam arbeitete über 70 Jahre an demselben Projekt, bei dem sich nicht nur Erfolge eingestellt haben, sondern auch so mancher Rückschlag hingenommen werden musste, der von der Klostergemeinschaft getragen wurde. Seine engsten Freunde außerhalb des Klosters haben Bruder Adam stets selbstaufopfernd unterstützt.

Die Neugierde und Spannung, was sich aus dieser oder jener Herkunft von Königinnen züchterisch verwerten lässt, das Planen neuer Reisen und die wachsende Bestätigung seiner Arbeit, durch die imkerlichen Erfolge seiner Schüler und vielleicht sogar die Anfeindungen manchen Zweiflers trieben Bruder Adam vorwärts.

Er besaß für mich immer bewundernswerte Energie. Bis ins hohe Alter hatte er nicht nur einen scharfen Verstand, sondern blieb auch körperlich topfit. Seine letzte Forschungsreise führte ihn zu einer afrikanischen Hochgebirgsbiene auf die Höhenlagen des Kilimandscharo, und das im Alter von 89 Jahren!

Wenn es um die Bienen ging, war er nicht zu bremsen. Es war eigentlich eher selten, dass wir über persönliche Dinge sprachen, schnell kamen wir auf die Bienen zurück. Glück für mich, dass ich meine Englischkenntnisse nicht bemühen musste, konnte man doch jedes Detail in der gemeinsamen Muttersprache diskutieren.

Bruder Adam hatte wirklich eine bewundernswerte Geduld, Hunderten von interessierten Imkern auf Versammlungen oder bei sich zu Hause die jeweils immer und immer wiederkehrenden ähnlichen Fragen zu beantworten.

Die Natur züchtet nicht auf Leistung, die Natur züchtet nur auf den Erhalt ihrer Art. Viele Bienenrassen haben aber für den Imker hochinteressante Einzeleigenschaften. Durch theoretische Überlegungen angeregt, trat er als Mann der Praxis erstmals den Beweis an: Erwünschte Eigenschaften lassen sich von unerwünschten trennen. Auf dem Weg der Kreuzungszucht können neue Eigenschaften erstellt werden, die in der Natur nicht vorkommen. Diese erwünschten Eigenschaften lassen sich in einem Stamm in Form einer homogenen erbfesten Verbindung vereinen. Auch wenn die Honigbienen in züchterischer Sicht eine Sonderstellung einnehmen, gelten trotzdem auch hier die Vererbungsgesetze Gregor Mendels. Für die Leistungen auf dem Gebiet der Bienenzucht erhielt Bruder Adam etliche Ehrungen. Unter anderem wurde er 1973 von Elizabeth II. mit dem O.B.E. (Order of the British Empire) ausgezeichnet, erhielt das Bundesverdienstkreuz, die Ehrendoktorwürde der Universität

Uppsala und wurde zum Ehrendoktor der Agrarwissenschaften der Universität Exeter ernannt.

Zu den züchterischen Fragen kommen die arbeitstechnischen Dinge in Bruder Adams Imkerei dazu, die in seinem vorliegenden Buch auf leicht verständliche Weise beschrieben werden. Das Beutensystem ist von verblüffender Einfachheit, in dem jede Königin ihre volle Leistung in uneingeschränktem Brutraum beweisen kann. In der Klosterimkerei arbeitet man sehr effektiv. Wenige Personen betreuen eine hohe Völkerzahl und beschränken sich bei den Betriebsmitteln auf das Wesentliche.

Ich habe Bruder Adam zum richtigen Zeitpunkt kennengelernt, nämlich als Imkeranfänger. Doppeltes Glück, dass er das biblische Alter von 98 Jahren erreichte. Obwohl uns ein Altersunterschied von 55 Jahren trennte, hatte ich fast 20 Jahre mit ihm gemeinsam. Auch er war daran nicht ganz „unschuldig", dass ich mein Bienenhobby zum Beruf gemacht habe. Für seine tatkräftige Unterstützung bin ich zutiefst dankbar.

Den Erhalt seiner Buckfast-Biene sah Bruder Adam optimistisch: „Angesichts der Tatsache, dass sich unsere Biene einer weltweiten Verbreitung erfreut, sollte deren Erhaltung keine besonderen Schwierigkeiten verursachen. Vorausgesetzt, die Züchter halten sich an unsere Richtlinien und lassen sich von keinen dilettantischen oder pedantischen Vorschriften auf Irrwege leiten. Zudem sollte man sich auf internationaler Ebene gegenseitig helfen. Jedoch ohne jegliche eigenbrötlerische Bedenken. Die Auslese und Entwicklungsmöglichkeiten werden sich dann auf eine weltweite Basis erstrecken."

Angerstein, Mai 2001
Thomas Rueppel M. A.
Landesverband Niedersächsischer Buckfastimker e.V.

Zur achten Auflage

Enttäuscht mussten Imker, die eine „Pilgerreise“ nach Buckfast unternommen haben, feststellen, dass das Kloster seine Imkerei inzwischen aufgegeben hat. Doch Bruder Adam behält seinen festen Platz in der Imkereigeschichte. Die achten Auflage seines Buches ist kein Rückblick; sie ist die Aufforderung zum Blick nach vorn.

Die Bienen durch Eigenschaftsselektion auf eine Weise zu verändern, dass diese mit neuen Bedrohungen, wie dem Parasiten Varroamilbe, zurechtkommen und ihr Auskommen in bienenfeindlicher Agrarlandschaft finden, ist für jeden Bienenhalter zur wichtigsten Aufgabe geworden.

Den Lesern, die mit Bienenhaltung begonnen haben oder dies planen, sei an dieser Stelle mitgeteilt, dass Bruder Adam bis zum Schluss ohne Varroamilben arbeiten konnte, da diese in England noch nicht angekommen waren. Mit seinen letzten Kreuzungsversuchen mit Bienen vom Kilimandscharo erhoffte er sich Eigenschaften zu finden, die uns mit dem neuen Problem helfen könnten. Erprobt wurden neue Kombinationszuchten zur Problemlösung daher auf dem Kontinent, wo der Parasit schon allgegenwärtig war. Bruder Adams Freund Raymond Zimmer erprobte oft die neuen Zuchtprodukte in der Gegend von Colmar.

Allein zu diesem Thema Varroamilbe muss sich der interessierte Leser daher um den inzwischen sehr umfangreichen Lesestoff bemühen, welcher Wege aufzeigt, die das erfolgreiche Arbeiten dennoch ermöglichen. Zuchtinteressierte Imker haben sich in Vereinen zusammengeschlossen – wie der Gemeinschaft der Europäischen Buckfastimker. In fast jedem Bundesland arbeiten Buckfast-Landesverbände, die heute die Arbeit Bruder Adams auf der Belegstelle Sherburton/Dartmoor, auf einer sehr stattlichen Anzahl von Inselbelegstationen, sicheren Landbelegstellen, Hochgebirgsbelegstellen in den Alpen oder alternativ durch die instrumentelle Besamung von Bienenköniginnen fortsetzen. Nicht nur in Deutschland, nein, in allen angrenzenden Ländern und inzwischen schon weit darüber hinaus.

Jeder Imker hat ein Bienenvolk, welches am besten abschneidet und mit Unbilden aller Art wie harten Wintern oder Krankheiten zurechtkommt oder sich durch besondere Findigkeit, Flugvermögen oder Langlebigkeit der Arbeitsbienen auszeichnet. Beginnen Sie damit Ihre Zuchtauslese, vermehren Sie genau hier und nutzen Sie die Drohnengruppen der Belegstellen. Dazu müssen Sie Ihre Völker beobachten und kontrollieren.

Vertrauen Sie auf Ihr Urteilsvermögen, denn Ihre Bienen werden es Ihnen beantworten oder, wie Bruder Adam sagt: „Let the bees tell you."

November 2018
Thomas Rueppel M.A.
Landesverband Niedersächsischer Buckfastimker e.V.

Zum Geleit

Heiland, segne du die Bienen, die durch Wachs dem Altar dienen, die durch Honig uns ernähren, die uns Fleiß und Ordnung lehren.

Dieser Segensspruch ziert das inmitten der Natur gelegene Bienenhaus unserer Abtei in Ottobeuren. Er gibt eine tiefe benediktinische Weisheit im Umgang mit Bienen wieder – Kerzenwachs als kostbares Gut für die Liturgie, Honig als Heil- und Nahrungsmittel für den Menschen seit alters her, Fleiß und Ordnung als Ausdruck menschlichen Miteinanders. Wie die Biene stetig für ihr Volk wirkt, so bleibt der Mönch bei seiner Arbeit, ohne Ablenkung und im Dienst an Gott und seiner Gemeinschaft. Die Gedanken und Ideen von Bruder Adam aus der Abtei Buckfast finden auch heute noch Anwendung bei uns – so z. B. bei der Aufzucht von Bienenköniginnen. Daher wünschen wir seinem Buch einen nicht nur unter Benediktinern großen Leserkreis.

Bruder Gebhard Mathies OSB
Imker der Benediktinerabtei Ottobeuren

Zum Geleit

Wenn spätere Imkergenerationen einmal nachforschen werden, wann und durch wen die deutsche Imkerei in der zweiten Hälfte des 20. Jahrhunderts die entscheidenden Anstöße erhielt, das betriebswirtschaftliche Prinzip „kleiner Brutraum – mittlere Volksstärke – mittelgroße Beute“ und „Wirtschaftsvölker = Reinzuchtvölker“ in Frage zu stellen und durch das Prinzip „maximaler Brutraum – starke Völker – große Beuten“ und „Wirtschaftsvölker = (im weitesten Sinne) angekreuzte Völker“ zu ersetzen, dann werden als Zeitpunkt die Jahre zwischen 1950 und 1970 und der Name Bruder Adam mit genannt werden müssen.

Sieht man von den verschiedenen Veröffentlichungen von und über Bruder Adam und die Klosterimkerei Buckfast ab, so sind es vor allem zwei Ereignisse, die wesentlich dazu beigetragen haben, die Prinzipien, nach denen in Buckfast gearbeitet wird, den deutschsprachigen Imkern bekannt zu machen: die richtungweisenden Vorträge Bruder Adams in Hannover (1953, Zucht) und Kassel (1960, Betriebsweise). Sie bilden die Grundlage dieses Buches.

Wir müssen Bruder Adam dankbar sein, dass er dem Rat seiner deutschen Freunde gefolgt ist, die Erfahrungen seines Imkerlebens als Buch vorzulegen. Einmal werden dadurch die umfassenden Erfahrungen dieses Praktikers gesammelt festgehalten, zum anderen wird die Diskussion, um die es heute im deutschsprachigen Raum imkerlich geht, neue Impulse erhalten. Das Buch ist also, obwohl es vornehmlich Vergangenes und Gegenwärtiges behandelt, echt in die Zukunft gerichtet.

Keiner – sei er Bienenwissenschaftler, Vereinsführer, Liebhaber-, Nebenerwerbs- oder Berufsimker –, der den Umbruch der Imkerei in Mitteleuropa heute denkend miterlebt, kann an den Erfahrungen und Thesen Bruder Adams vorbeigehen. Und jeder, der sich mit diesen Erfahrungen auseinandersetzt, wird für seinen ganz persönlichen imkerlichen Erfolg Nutzen daraus ziehen. Vorbedingung ist lediglich, vorurteilslos und aufgeschlossen die Dinge, die Bruder Adam abhandelt, zu durchdenken und auf unsere Verhältnisse zu übertragen.

Es geht in diesem Buch nicht darum – das sei ausdrücklich betont –, Beute, Betriebsweise und Zucht, wie sie in Buckfast durchgeführt werden, nach Deutschland zu importieren. Wohl aber geht es darum, die deutschen Imker mit den Grundprinzipien zu konfrontieren, nach denen seit mehreren Jahrzehnten in Buckfast erfolgreich gearbeitet wird. Diese Grundwahrheiten aber gelten überall. Sie müssen zwar für andere betriebswirtschaftliche Gegebenheiten gut durchdacht und gegebenenfalls abgeändert werden, sind aber grundsätzlich nicht abhängig von den jeweiligen zufälligen klimatischen oder trachtbedingten Verhältnissen. Armbruster hat einmal festgestellt: „Ich kenne keinen tüchtigeren lebenden Imker und Züchter als Bruder Adam." Diesem Urteil muss ich, der ich Bruder Adam seit Kassel persönlich kenne sowie die Imkerei Buckfast mehrere Tage besuchte, voll zustimmen und noch hinzufügen: „Ich kenne keine besser, zweckmäßiger und schöner eingerichtete Imkerei als die des Klosters Buckfast, geleitet von Bruder Adam.“ In Buckfast ist alles aus einem Guss: Biene, Betriebsmittel, Betriebsweise, Zucht, Königinnenerneuerung, Bienenpflege, Ernteergebnis, Honiggewinnung und -vermarktung, alles ist bis ins Letzte auf die dortigen Verhältnisse durchdacht; Theorie und Praxis stimmen überein!

Dieses Buch Bruder Adams ist nicht nur interessante imkerliche Lektüre. Es wird vielmehr jeden, der an den Fortbestand der Imkerei glaubt und dafür arbeitet, nicht mehr loslassen. Wer Bruder Adam gehört oder gelesen hat, wird ein anderer Imker. Das Buch ist deshalb auch mehr als ein imkerlicher Ratgeber. Es ist ein Imkerbuch, zu dem der gern mehr als einmal greifen wird, dem es darum geht, die Grundlagen seines imkerlichen Tuns immer wieder neu zu durchdenken. Und wer so stets an sich arbeitet, wird mehr Freude und auch mehr wirtschaftlichen Erfolg auf seinem Bienenstand haben. Erfolg aber ist nicht nur die stärkste Triebfeder des Menschen schlechthin, sondern darüber hinaus bezüglich der Imkerei auch der sicherste Garant, dass sie fortbestehen wird.

Altenwalde-Gudendorf, im März 1969
K.-A. Eickmeyer

Vorwort zur ersten Auflage

Die Bienenhaltung im deutschen Sprachgebiet befindet sich an einem Wendepunkt. Fortschrittliche Imker haben erkannt, dass die traditionellen Verfahren in eine Sackgasse führen, in der keine nennenswerte wirtschaftliche Entwicklungssteigerung mehr erreichbar ist. Dieser Stillstand führte mancherorts bereits zu schmerzlichen Rückschritten. So folgte im Sommer des vergangenen Jahres dem Buch über meine Reiseerlebnisse „Auf der Suche nach den besten Bienenstämmen“ nun ein weiteres über die wesentlichen Erkenntnisse und praktischen Erfahrungen, die im Imkereibetrieb des Klosters Buckfast gewonnen wurden.

In den vergangenen Jahren erläuterte ich die Buckfast-Betriebsweise mehrfach in den Vorträgen und Aufsätzen im In- und Ausland. Meine Ausführungen fanden besonders auch bei deutschen Hörern und Lesern ein gutes Echo. Fortschrittliche Imker, die meine Erkenntnisse übernahmen, erzielten überdurchschnittliche Ergebnisse. Diese Tatsache ermutigte mich, in meine vorliegenden Darlegungen über die Betriebsweise auch Ausführungen über die Zuchtverfahren und Zuchtmaßnahmen mit einzuarbeiten – beruht doch der wirtschaftliche Erfolg meiner Betriebsweise zum wesentlichen Teil auf der Zucht.

Mitunter hört man die Meinung, die Buckfast-Betriebsmaßnahmen seien wohl brauchbar für England, nicht aber für Mitteleuropa. Nun, vor 50 Jahren äußerte man in England ganz ähnliche Meinungen über Neuerungen, wie sie damals aus Amerika kamen. Trotzdem sind diese Neuerungen im Lauf der Zeit zum Allgemeingut geworden, und ich habe vieles davon nutzbringend in den Buckfast-Betrieb eingebaut. Ähnlich dürfte sich der Verlauf während der nächsten Jahrzehnte in Mitteleuropa gestalten. Zudem besteht noch Grund zu der Annahme, dass in manchen Gegenden des deutschen Sprachraumes weit bessere Durchschnittserträge – die ja doch per Saldo entscheidend sind – von Natur aus zu erreichen sind als in England.

Eine entsprechende Anpassung des imkerlichen Betriebes an die jeweiligen Umweltverhältnisse ist immer und selbstverständlich Voraussetzung. Überstürzungen in den Umstellungsmaßnahmen würden nicht zu den erwünschten Resultaten führen. Die Imker müssen sich vielmehr zunächst über Entwicklungen, Vor- und Nachteile klar sein, sie müssen sich auch über das Warum und das Für und Wider eingehend informieren. Blindes Nachahmen wäre in jedem Fall von Übel.

Die zweckentsprechende Anwendung des hier im Buch Gesagten bedarf zunächst der Durchdenkung, danach der Anpassung an die Standortbedingungen des eigenen Betriebes. Nicht zuletzt wird es sich als nötig erweisen, einige liebgewonnene, doch überholte Ansichten und Traditionen zu opfern.

Buckfast Abbey in Devon, Frühjahr 1969
Bruder Adam

Vorwort zur dritten Auflage

Es sind nunmehr 17 Jahre verflossen seit jenem Vortrag in Kassel, in dem unsere Betriebsweise erstmals in deutscher Sprache erläutert wurde. In der deutschen Bienenhaltung hat sich inzwischen eine weitgehende Umwälzung eingestellt. Der eigentliche Anlass zu dieser Entwicklung war jedoch ohne Zweifel der Vortrag in Hannover im März 1953, in dem die wirtschaftlichen und züchterischen Vorteile eines unbeschränkten Brutraumes hervorgehoben wurden.

Wie immer, wenn fortschrittliche Anregungen in Erwägung kommen, so wurde auch hier die Richtigkeit oder, genauer gesagt, deren Anwendungsmöglichkeit unter mitteleuropäischen Verhältnissen bezweifelt. Es wurde nicht erkannt, dass gewisse Richtlinien eine universelle Gültigkeit haben. Als falsch erwiesen sich auch jene Annahmen, die davon ausgingen, dass die Trachtmöglichkeiten in Süd-Devon weit günstiger seien als diejenigen im deutschen Sprachgebiet.

Die im Vorwort zur ersten Auflage erwähnten Bedenken haben sich inzwischen weitgehend als unberechtigt und irreführend erwiesen. Wie ich schon Jahre zuvor vermutete, sind die Trachtverhältnisse in Mitteleuropa weit günstiger und zuverlässiger als in Südwest-England. Soweit nach den neuen Richtlinien geimkert wurde, waren die tatsächlichen Durchschnittserträge in Mitteleuropa während der vergangenen 15 Jahre weit höher als die unsrigen. In dem ungewöhnlich guten Sommer 1976 wurden sogar Durchschnittserträge geerntet und Spitzenleistungen erreicht, wie man sie sonst nur in Australien für möglich gehalten hatte. Solche Erträge konnten bei uns in England noch nie auch nur annähernd erreicht werden.

Diese dritte Auflage enthält keine weiteren Ergänzungen unserer Betriebsweise, Zuchtverfahren und Zuchtmaßnahmen, und zwar aus dem einfachen Grund, weil sich auf diesem Gebiet keine besseren Methoden finden ließen. Es wurde jedoch dieser Auflage ein weiterer Abschnitt hinzugefügt, der sich auf die hygienischen Maßnahmen bezieht, die wir in einer modernen Bienenhaltung für nötig erachten. Neu hinzugefügt haben wir auch, aufgrund vieler Anfragen, Anweisungen zur Herstellung von Met.

Buckfast Abbey in Devon, Ostern 1978
Bruder Adam

Vorwort zur fünften Auflage

Dieses Buch füllte in der Imkerliteratur eine Lücke. Es erschien bisher in nicht weniger als fünf Sprachen: Deutsch, Englisch, Französisch, Griechisch und Schwedisch.

Obwohl es in verschiedenen Teilen der Welt erschien, waren keine Textänderungen oder Ergänzungen nötig. Die wesentlichen

Prinzipien bewähren sich offensichtlich überall. Es wurden jedoch Sinn und Zweck gewisser Maßnahmen nicht immer voll erkannt. Deshalb war es nötig, diese Auflage mit zusätzlichen Hinweisen zu ergänzen. Manche Maßnahmen mögen als geringfügig erscheinen, ihre Folgen jedoch können entscheidend sein.

Maximale Leistungsergebnisse pro Volk zu erreichen, war von jeher wesentlichstes Zuchtziel; dazu sind Königinnen höchster Güte unerlässlich. Wenn deren Entwicklung auf irgendeine Weise verhindert wird, ist die Entfaltung ihrer erbbedingten Leistungseigenschaften entsprechend gehemmt. In jeder neuzeitlichen Bienenhaltung ist die tatsächliche Güte einer Königin letztendlich der entscheidende Faktor, wenn es um die Wirtschaftlichkeit geht.

Buckfast Abbey in Devon, Ostern 1988
Bruder Adam

Biene, Beute, Betriebsform

Allgemeines

Meines Erachtens ist die Betriebsweise eine unerlässliche Vorbedingung, die jedem Volk in den gegebenen Verhältnissen die günstigsten Möglichkeiten zur besten Entwicklung und höchsten Honigleistung verschafft. Jede Betriebsweise muss allerdings auf die Eigenschaften und Besonderheiten der verwendeten Biene abgestimmt sein. Die Beute spielt eine nicht unwesentliche Rolle. Die Zucht bildet jedoch die eigentliche Grundlage, auf der unser Erfolg beruht.

Es ist nun meine Aufgabe, die vier Hauptfaktoren, wie sie in unserem Imkereibetrieb in jedem gegebenen Fall in Betracht kommen, im Einzelnen ausführlich zu erörtern, vor allem das Warum, Für und Wider hervorzuheben.

In England – wie in allen englischen Sprachgebieten – wird der Betriebsweise heutzutage wenig Bedeutung zugemessen. Sie wird in der Tat als eine selbstverständliche Sache angesehen. In unserer

Literatur werden die jahreszeitlichen Arbeiten unter dem Titel »Management« erwähnt. Eine hervorstechende Betriebsmethode ist jedoch heute kaum irgendwo zu finden. Das war nicht immer so, aber all die vielversprechenden Betriebsweisen starben in den Wogen der Zeit einen stillen Tod. Die erfolgreichen Imker, hauptsächlich die Erwerbsimker, kamen langsam zur Einsicht, dass alle jene Betriebsweisen, die sich mehr oder weniger auf krasse Eingriffe stützen, oft weit mehr Unheil verursachten als Nutzen erzielten. Man kam allgemein zur Erkenntnis, dass ohne weitgehende Rücksicht auf die wunderbare Organisation und die Instinkte der Bienen die Vorbedingungen zu höchsten Ertragsergebnissen für ein Volk nicht geschaffen werden können.

Jede erfolgreiche Betriebsweise muss überdies weitgehend angepasst sein an die jeweiligen Klima- und Trachtverhältnisse sowie an die Art der Beute, mit der geimkert wird, und nicht zuletzt an die Eigenheiten der Biene selbst. Der Erwerbsimker muss überdies den Arbeitsaufwand pro Volk, den diese oder jene Maßnahme bedingt, scharf in Betracht ziehen. In der Tat ist der wirtschaftliche Erfolg, die Rentabilität einer Erwerbsimkerei weitgehend davon bestimmt. Jede technische Einrichtung, welche die Betriebsweise vereinfacht und Zeit erspart, ist für den Erwerbsimker entscheidend.

Es kommen also nicht nur die jahreszeitlichen Maßnahmen unserer Betriebsweise in Betracht, sondern auch die technischen Einrichtungen, auf denen sie beruht, wie auch die Biene, mit der wir arbeiten. Ehe ich zu diesen Themen komme, möchte ich ein Erlebnis aus meiner frühesten Imkererfahrung erwähnen – ein Erlebnis, das in den nachfolgenden Jahren eine bedeutende Wirkung auf unsere Bienenhaltung sowie deren Erfolg ausübte. Es sind oft unscheinbare Geschehnisse, die einen nachhaltigen, entscheidenden Einfluss ausüben und zugleich den Anstoß zu neuen, wertvollen Erkenntnissen geben.

Ein Erlebnis

Als mir im Herbst 1919 die Verantwortung über unsere Imkerei übergeben wurde, stand ich vor einer Fülle von Problemen. Infolge der Milbenepidemie, die nach amtlichen Angaben 90% der Bienenvölker hinwegraffte, musste sich die Imkerschaft in England neu orientieren, sich auf neue Verhältnisse umstellen. Ein Imkern nach alten Vorschriften und Ideen, die vor dem Verlust der einheimischen Biene teilweise gerechtfertigt waren, musste wohl oder übel über Bord. Man konnte mit der Italienerbiene, die nun hauptsächlich in Erwägung kam, weil sie sich als resistent gegen die Milbe bewährte, nicht imkern wie einst mit der dunklen, bodenständigen Biene. Wie es oft der Fall ist, konnten sich ältere Imker nur schwer in die neuen Verhältnisse fügen. Die Argumente, die heutzutage in diesem oder jenem Land gegen alles Fremde vorgebracht werden, erwecken in mir Erinnerungen an jene Zeit. So wurde vor mehr als 50 Jahren die Ansicht vertreten, fremde Rassen sowie fremde Beuten und Betriebsweisen seien für unsere Umweltbedingungen absolut ungeeignet. Diese Ansichten, die man damals mit tiefster Überzeugung äußerte, erwiesen sich als falsch und irreführend. Allerdings konnten sich auch die fortschrittlichsten Imker von damals keine Vorstellung von den Entwicklungen machen, die ihnen bevorstanden.

Bis 1920 imkerten wir mit einem Brutraum pro Volk, der zehn Rahmen im englischen Vereinsmaß fasste. Das lichte Maß dieser Rahmen beträgt 34,3 x 21,6 cm. Wir waren uns jedoch schon längere Zeit bewusst, dass diese Wabengröße für den Fall der weit fruchtbareren Italienerbiene und deren Kreuzungen die maximale Volksstärke zu sehr beschränkte. Überlieferung und Voreingenommenheit aber sprachen gegen eine Verwendung von zwei Bruträumen je Volk. Im Herbst 1920 überließ ich jedoch einem Volk versuchsweise zwei Brutkästen mit annähernd 40 Pfund Wintervorräten. Im folgenden Frühjahr erwies sich dieses Volk bei weitem als das stärkste. Die Frühjahrsentwicklung war tadellos, und ohne irgendein Zutun war das Volk bei Beginn der Obstblüte aufsatzbereit. Es verursachte uns den ganzen Sommer keinerlei Arbeit, außer dem Zufügen jeweils eines weiteren Aufsatzes, deren es insgesamt sechs benötigte. Am Ende der Tracht überragte dieses Versuchsvolk mit all den Aufsätzen den Bienengarten wie ein Leuchtturm. In der Tat erwies es sich als ein Leuchtturm, nicht bloß in symbolischer Form, sondern auch in streng praktischer Hinsicht – es zeigte mir nicht nur den richtigen und kürzesten Weg zum wirtschaftlichen Erfolg, sondern warnte mich zugleich vor den Klippen und Sandbänken gewisser Betriebseingriffe, die allzuoft zum wirtschaftlichen Schiffbruch führen.

Dieses Volk war gewiss ein Idealfall, aber dennoch kein an den Haaren herbeigezogener. Unser Durchschnittsertrag im Jahr 1921 betrug rund einen Zentner, der jedoch viel unnötige Mühe und Arbeit kostete; von dem einen Volk wurden dagegen eineinhalb Zentner geerntet, ohne besondere Mühe und Arbeitsaufwand. Ein Reinertrag von anderthalb Zentnern war damals ein beinahe unerhörtes Ereignis. Indessen haben wir in guten Jahren diese Leistung als Durchschnittsertrag stark übertroffen mit Spitzenerträgen, die weit über drei Zentnern lagen.

Man muss sich nun fragen: Was waren die Vorbedingungen zu diesem überraschenden Erfolg? Ohne Zweifel in erster Linie die geräumige Beute oder, genauer: ein unbeschränkter Brutraum, versehen mit dem nötigen Quantum Wintervorrat. Diese beiden Faktoren zusammen ermöglichten eine ununterbrochene, ungehemmte Entwicklung im Frühjahr, ohne Reizfütterung irgendeiner Art. Drittens eine Raumerweiterung nach Bedarf, ohne wesentliche Eingriffe und Störungen. Zuletzt der allerwichtigste Faktor zu jedem imkerlichen Erfolg: eine hochwertige Königin von leistungsfähiger

Rasse und Abstammung. Dieses Volk hätte ohne die erwähnten Vorbedingungen bestimmt kein Pfund Honig mehr gesammelt als die anderen auf diesem Stand, trotz der guten Königin. Dagegen wissen wir aus bitterer Erfahrung, dass all die genannten Vorbedingungen zwecklos sind – sich in Wirklichkeit als Nachteil erweisen – ohne eine fruchtbare Königin von bester Abstammung. Wir wissen weiter, dass ein Volk, mit diesen Vorbedingungen versehen, nicht nur die höchsten Erträge liefert, sondern gleichzeitig den minimalsten Arbeits- und Zeitaufwand unsererseits verlangt.

Ein Hinweis ist noch angebracht: Es waren noch weitere 80 Völker mit Schwesterköniginnen vorhanden, aber keines davon erreichte einen Ertrag wie das erwähnte. Der Grund liegt auf der Hand.

Kurz gefasst: Unser wirtschaftlicher Erfolg beruht in erster Linie auf einer Biene, die den Anforderungen einer modernen Imkerei vollauf entspricht; die Beute, oder genauer die Größe des Brutraums, spielt auch eine wesentliche Rolle. Diese beiden Faktoren, verbunden mit einer Betriebsweise und alles zusammen angepasst an die vorhande nen Trachtverhältnisse, bilden die Grundlagen unseres Erfolges. Der Imker hat keine Macht über Wetter und Tracht, dagegen stehen ihm die anderen entscheidenden Faktoren vollständig zu Gebot.

Die Biene

Die Biene stellt den Mittelpunkt einer jeden Imkerei dar. Rasse und Herkunft bestimmen weitgehend jede imkerliche Maßnahme und auch den wirtschaftlichen Erfolg. Folglich sind hier einige Worte angebracht über die Biene, mit der wir arbeiten, sowie über ihre Herkunft.

Die Buckfast-Biene entstammt einer Kreuzung zwischen der Ligustica und der einstigen einheimischen Mellifica Großbritanniens. Es handelt sich hier um eine Kunstrasse, die im Lauf von etwa 50 Jahren entwickelt wurde. In der Farbe ähnelt sie der dunklen, lederbraunen Ligustica. Gegenüber dieser ist die Buckfast-Biene fleißiger, sparsamer, schwarmträger, widerstandsfähiger gegen Krankheiten, vor allem gegen die Milbenseuche und die Nosema. Sie sammelt beinahe kein Kittharz, bleibt ruhig im Winter, entwickelt sich rasch, jedoch nicht vorzeitig im Frühjahr und unterhält aus eigenem Antrieb und ohne Reizfütterung trachtstarke einsatzfähige Völker den ganzen Sommer über. Sie ist wohl noch sanftmütiger als die Ligustica und erlaubt eine schnelle Behandlung, auch bei ungünstiger Witterung, was in unseren klimatischen Verhältnissen sehr wichtig ist. Sie verfliegt sich stark, wie die Mehrzahl der Rassen, was bei Einzelaufstellung keine nachteiligen Folgen hat. Doch eignet sie sich nicht für einen Bienenhausbetrieb, außer es kommen nur Buckfast-Völker zur Aufstellung.

Alle Eigenschaften, die mit der Honigleistung zu tun haben, sind ohne ausgeprägte Schwarmträgheit von geringem Vorteil, sie können sich ohne diese nie voll entfalten. Eine hoch entwickelte Schwarmträgheit ermöglicht nicht nur eine maximale Entfaltung aller Leistungseigenschaften, sondern aus ihr folgt zugleich ein minimaler Kosten-, Zeit- und Arbeitsaufwand. Sie ist die unerlässliche Grundlage, die die Rentabilität einer neuzeitlichen Imkerei bestimmt. Ein englischer Berufsimker mit annähernd 2000 Völkern und standbegatteten Königinnen vertritt die Ansicht, dass Bienen unserer Zuchtrichtung nicht schwärmen oder so wenig, dass sich die herkömmlichen Verhinderungsmaßnahmen nicht lohnen.

Obwohl die reine Buckfast-Biene sehr leistungsfähig ist – ein Züchter in Süddeutschland erntete im Sommer 1968 von den auf seiner Beleg-

station stehenden acht Völkern einen Ertrag von 80 kg je Volk –, stützen wir uns dennoch weitgehend auf Kreuzungen, zu deren Gestaltung unser Zuchtstamm die Basis bildet. Eine Reinzucht kann nur in Verbindung mit der Heterosis die höchsten Leistungsergebnisse erbringen. Hier müssen allerdings gewisse Besonderheiten der Kreuzungszucht, die speziell im Fall der Biene in Erscheinung treten, beachtet werden. Ich werde mich später eingehend mit diesen befassen.

Da sich die Carnica im deutschen Sprachraum einer so großen Beliebtheit erfreut, sind an dieser Stelle einige Bemerkungen diesbezüglich angebracht. In England, wie in allen Ländern englischer Sprache, wird der Carnica keine nennenswerte wirtschaftliche Bedeutung beigemessen. Die extreme Schwarmneigung, die beschränkte Fruchtbarkeit, das Bedürfnis einer ständigen Reizfütterung in trachtlosen Pausen, passen – trotz der wertvollen Eigenschaften, die diese Biene sonst besitzt – einfach nicht in einen neuzeitlichen Betrieb.

Entgegen den Ergebnissen mit der Carnica hat sich die Cecropia oder griechische Biene wirtschaftlich sehr bewährt – vor allem in Kreuzungen mit unserer Biene. Bekanntlich ist die Cecropia eine Unterform der Carnica und dem Äußeren nach von dieser kaum zu unterscheiden. Diese griechische Biene ist jedoch weit fruchtbarer und vor allem sehr schwarmträge, auch wenn sie gekreuzt ist, und nach unseren Befunden wirtschaftlich die weitaus wertvollste Varietät des ganzen Formenkreises der Carnica.

Eine Unzahl von objektiv durchgeführten Vergleichsversuchen, mit Herkunft aus dem ganzen Verbreitungsgebiet dieser Rasse, mit reingezüchteten und gekreuzten Bienen, bestätigen immer wieder die allgemeinen Erfahrungen, die mit dieser Biene gemacht wurden.

Die Beute

Jede Betriebsweise ist weitgehend abhängig von der Beute, zum Teil ist auch der endgültige Erfolg davon abhängig. So obliegt mir die Aufgabe, einige Worte über dieses Thema zu äußern, ehe ich mich dem eigentlichen Anliegen zuwenden kann.

Ich glaube, es wird zudem lehrreich sein, wenn ich den Entwicklungsgang der Beute, die wir heute verwenden, hervorhebe, denn meine Erfahrung ist nicht ausschließlich auf diese beschränkt.

Die Beute ist, praktisch und wirtschaftlich betrachtet, ein wichtiger Bestandteil in jeder fortschrittlichen Imkerei – weniger, was die Bedürfnisse der Bienen selbst betrifft. Tatsächlich ist ein Bienenvolk äußerst anspruchslos und anpassungsfähig, was Wohnungsbedürfnisse anbelangt: Ein hohler Baum, eine Spalte in Fels oder Mauer bieten ihr die naturbedingte Unterkunft.

Vergessen wir nicht: Eine moderne Bienenwohnung ist, praktisch gesehen, ein Werkzeug des Imkers. Je bequemer, mit je weniger Mühe und Zeitaufwand er mittels einer Beute die jahreszeitlich bedingten Arbeiten an einem Bienenvolk verrichten kann, desto zweckentsprechender und wirtschaftlicher ist sein Werkzeug. Vollkommenheit einer Beute ist nicht zu erreichen durch eine kostspielige, komplizierte Konstruktion, durch eine Vielfalt von Zubehör, sondern eher durch extreme Einfachheit. Es ist in der Tat erstaunlich, wie man mit allerbestem Erfolg mit denkbar einfachsten Beuten imkern kann.

Wie bescheiden waren doch meine Notbehelfsbeuten: der Brutkasten und die Aufsätze bestanden aus 1,3 cm dünnem Holz; Boden und Deckbrett wurden aus Kisten aller Art gefertigt, das Dach war nur aus Dachpappe. Zwischen Dach und Deckbrett wurde Zeitungspapier eingelegt, um einen übermäßigen Verlust von Wärme zu verhüten. Im Winter wurden diese Notbehelfsbeuten auch seitlich in Dachpappe gehüllt, um sie trocken zu halten. Ich konnte nie einen wahrnehmbaren Unterschied im Ertrag bemerken zwischen den Völkern auf demselben Wabenmaß in doppelwandigen Schutzbeuten und jenen in den dürftigsten aller Notbehelfe. In dieser Hinsicht ließen die Behelfsbeuten wahrlich wenig zu wünschen übrig.

Bis 1923 imkerten wir ausschließlich mit englischem Vereinsmaß und seit einigen Jahren mit zwei Bruträumen von je zehn Waben pro Volk. Mit der allgemeinen Einführung und Verbreitung der Italienerbiene, kurz nach dem Ersten Weltkrieg, erfuhr die Bienenhaltung in England in wenigen Jahren einen riesigen Aufschwung und zugleich auch einen nicht weniger großen Umschwung. Es wurde bald erkannt, dass die Beuten und Betriebsweisen einer viel fruchtbareren Biene angepasst werden mussten. Überdies verlangte eine rentable Imkerei vor allem eine tiefgreifende Vereinfachung in der Konstruktion von Beuten und Zubehör. Zum großen Glück war der englische Imker damals schon befreit von vielen Vorurteilen, die heute noch im deutschen Sprachgebiet immer wieder vorgebracht werden, wie: ob Bienenhaus oder Einzelaufstellung, Hinter- oder Oberbehandlung, Warm- oder Kaltbau usw. das Ideale seien. Im Wesentlichen beschäftigten uns nur zwei Probleme, nämlich, ob man doppel- oder einfachwandige Beuten bevorzugen sollte und die eigentliche Größe des Brutraums.

Die Mehrzahl der fortschrittlichen Imker war dem Langstroth-Maß zugeneigt oder wenigstens einer Beute dieser Machart. Wo Wanderung in Frage stand, kam nur die amerikanische Beutenform in Betracht. Das war bei uns der Fall. Der Langstroth-Brutraum ist jedoch zu klein für eine fruchtbare Königin. Ich wollte nicht, wie in Amerika allgemein üblich, mit zwei Bruträumen pro Volk imkern. Ich sah in der Tat keinen wesentlichen Vorteil beim Vergleich zwischen dem Langstroth- und dem englischen Vereinsmaß – ich wollte unter allen Umständen einen Brutkasten von einer Größe, der den Bedürfnissen der fruchtbarsten Königin genügen würde. Folglich entschloss ich mich für einen Brutraum mit zwölf Dadant-Waben. Dies ergab einen Brutkasten, der ebenso breit wie lang ist, also mit einem Außenmaß von 50,5 x 50,5 cm und einer Höhe von 30,5 cm und Aufsätzen von genau demselben Außenmaß, aber nur der halben Höhe und zehn Dickwaben.

Nebenbei bemerkt: Obwohl ich großen Wert auf extreme Einfachheit einer Beute lege, so lege ich nicht weniger Gewicht auf eine solide, dauerhafte Konstruktion aller Beutenbestandteile, insbesondere auf jene der Wabenrähmchen. Ein Sparen ist hier falsch. Es gibt bestimmt nichts Ärgerlicheres und Zeitraubenderes in der Imkerei als Rähmchen, die ihre richtige Form nicht ständig einhalten oder sogar brechen, und Beutenteile, die vorzeitig versagen.

Die Größe der Beute oder, genauer: der Rauminhalt vom Brutkasten ist wohl der einzige Faktor, der einen wesentlichen Einfluss auf den Honigertrag ausübt. Ein Brutraum, der die Legetätigkeit einer Königin beschränkt, vereitelt die volle Entwicklung und folglich die maximale Leistungsfähigkeit eines Volkes. Die eigentliche Volksstärke wird durch eine Beschränkung dieser Art herabgesetzt und damit eine Gleichschaltung der Leistung hervorgerufen. Eine individuelle Höchstleistung ist so ausgeschlossen und folglich auch der reale Anhaltspunkt zu einer Leistungsbewertung. Ich will jedoch gestehen , dass ich mir damals dieser wichtigen Erkenntnisse nicht bewusst war. Meine Entscheidung für das Dadant-Maß (46 cm breit, 27 cm hoch) sowie für einen Brutkasten mit zwölf Waben dieser Größe beruhte ausschließlich auf betriebstechnischen Erwägungen. Ja, ich wurde damals von allen Seiten gewarnt, dass es mit einem Brutkasten von diesem Ausmaß auf der Heide keine Ernten geben und die ganze Tracht dort von den Bienen im Brutkasten aufgespeichert würde. Da diese Versicherungen von erfahrenen

Heideimkern kamen, konnte ich die Warnungen nicht als unberechtigt abweisen. Ich nahm jedoch diese nachteiligen Möglichkeiten eines so gearteten großen Brutraums angesichts der sonst überragenden betriebstechnischen Vorteile in Kauf. Die praktische Erfahrung erbrachte jedoch alsbald den Beweis, dass sich diese Fachleute irrten.

Eine Umstellung dieser Art wäre selbstverständlich ohne vorhergehende Versuche und Vergleiche nie gerechtfertigt gewesen. Die scheinbar zuverlässigsten Erwägungen, ob betriebs- oder produktionstechnischer Art, müssen in der unerbittlichen Wirklichkeit der Erfahrung bestätigt werden. Daher entschloss ich mich im Sommer 1924, die Hälfte der Völker unserer drei Außenstände umzustellen. Die anderen 20 Völker auf jedem Stand verblieben auf englischem Vereinsmaß. Obwohl der Sommer 1924 sehr ungünstig war, konnte die Teilumstellung ohne besondere Schwierigkeiten durchgeführt werden. Dafür erwies sich 1925 als ein sehr gutes Honigjahr, günstig für unsere Vergleichsversuche. Die Ergebnisse überraschten in mancher Hinsicht. Es war mir alsbald klar: Die neue Beute entsprach nicht nur allen betriebstechnischen Anforderungen, sondern übertraf auch produktionsmäßig alle Erwartungen, insbesondere auf der Heide. Was in den folgenden Jahren und bis heute immer erneut bestätigt wurde. Die endgültige Umstellung aller Völker erfolgte 1930.

Selbstverständlich bin ich mir bewusst, dass ein Brutkasten, wie er von uns verwendet wird, nicht in jede Gegend passt, insbesondere in jene nicht, wo eine Frühtracht die einzige Honigernte ergibt. Wo mit großen Bruträumen geimkert wird, sind Königinnen allerbester Qualität und Abstammung absolut unerlässlich.

Betriebstechnische Erwägungen

Im deutschen Sprachgebiet kommt in der Hauptsache die Aufstellung der Völker in Bienenhäusern in Betracht. In südlichen Ländern und im Nahen Osten begegnet man auch oft einer gestapelten Aufstellung in offenen Hütten mit Pultdach und hin und wieder, wie in Zypern und Ägypten, ohne jegliche Schutzvorrichtung. Dagegen ist die Einzelaufstellung sonst überall üblich.

Das Bienenhaus hat ohne Zweifel manche Vorteile in ästhetischer sowie praktischer Hinsicht, und die Vorliebe, welche dieser Art der Bienenhaltung von Imkern, die in dieser Tradition ihre Lehre machten, entgegengebracht wird, ist gut verständlich. Streng wirtschaftlich gesehen hat das Bienenhaus große Nachteile. Ich halte es nicht für nötig, diese alle zu erörtern, möchte aber dennoch einige besonders hervorheben, denn meines Erachtens wird diesen nicht immer eine entsprechende Bedeutung beigemessen.

Ich habe schon die Tatsache erwähnt, dass objektiv gesehen in einem Bienenhaus eine reale Leistungsbewertung und Zuchtauslese nicht in Betracht kommt wegen des unvermeidlichen Verfliegens, welche diese Art der Aufstellung bedingt. Auch die Carnica verfliegt sich, obwohl nicht so stark wie die Viehlzahl der anderen Rassen. Überdies wird eine maximale Leistung jedes einzelnen Volkes weiter behindert durch eine ganze Serie von Umständen, die eine friedliche, harmonische Volksentwicklung hemmen oder stören. Die Beuten, die ein Bienenhausbetrieb erfordert, verhindern sowieso eine volle Volksentwicklung. Hinzu kommen noch der übermäßige Wärmeschutz und die extreme Hitze, die in gut gezimmerten Häusern während des Sommers entsteht und gemäß unserer Erfahrungen eine normale, natürliche, gesunde Entwicklung nicht erlaubt. Ich kann mir gut vorstellen, dass diese Feststellungen von vielen Bienenhausimkern als ketzerisch und unbegründet betrachtet werden, aber ich werde noch auf Versuche zu sprechen kommen, die diese Darlegungen bestätigen.

Wir machen uns die Vorteile des Bienenhauses in Verbindung mit der Königinnenzucht zunutze, jedoch mit Hilfe von Maßnahmen, welche die erwähnten Nachteile vermeiden. Sonst kommt nur die Einzelaufstellung in Frage. Die Vorteile der Freiaufstellung sowie die der Oberbehandlung und Magazinbeute sind so bekannt, dass sich Erörterungen erübrigen. Eine Hinterlader- oder Blätterbeute wäre bei uns undenkbar.

Aus mir unerklärlichen Gründen besteht überall, wo Freiaufstellung Verwendung findet, der Brauch, die Bienenstöcke in schönen langen Reihen, alle mit derselben Flugrichtung, aufzustellen. Ich machte es einst auch so, entdeckte jedoch bald, dass diese Anordnung recht unliebsame wirtschaftliche und betriebstechnische Nachteile besaß. Das Verfliegen der Bienen ist viel allgemeiner, als man bisweilen annahm. Es bestehen gewiss Unterschiede in dieser Beziehung zwischen den verschiedenen Rassen und Stämmen, aber sie verfliegen sich alle. Wo Krankheiten auf einem Stand vorhanden sind, ob bei der Brut oder den erwachsenen Bienen, fördert die Stapelung und Reihenaufstellung deren Verbreitung von Volk zu Volk auf die schnellste Weise. Das volle Ausmaß des Verfliegens kommt wohl am krassesten nach einer Wanderung in die Heide zum Vorschein. Ich erkannte dort den vollen Umfang aller Nachteile einer Reihenaufstellung sowie deren Folgen. Seit 1922 verwende ich die Gruppenaufstellung, meistens mit je vier Völkern pro Gruppe. Jedes Volk in einer Gruppe hat eine andere Flugrichtung – ob Süd, Nord, Ost oder West macht im Ertrag absolut keinen Unterschied. Völker, so aufgestellt, verhalten sich ruhiger; es gibt weniger Kämpfereien, insbesondere im Herbst. Ein Abstechen oder Einknäueln der Königin, wie es oft durch das Verfliegen der Bienen verursacht wird, ist uns bei dieser Aufstellung fast unbekannt.

Die Gruppenaufstellung hat überdies noch wertvolle betriebstechnische Vorteile, die uns viel Mühe und Zeit ersparen. Alle Beuten ruhen auf einem Zwillingssockel aus Holz, mit einem Abstand von 20 cm zwischen den zwei Beuten und von annähernd 70 cm zwischen den zwei Sockeln einer Gruppe. Wenn an einem Stock gearbeitet wird, so kommt der nächste auf demselben Sockel als Tisch in Verwendung. Die Zwillingssockel ruhen auf einer Betonplatte, womit die waagerechte Lage der Beuten ständig gesichert ist. Die obere Kante des Brutkastens ist etwa 60 cm vom Boden entfernt und befindet sich so in einer bequemen Höhe zur Verrichtung aller Arbeiten – eine wichtige kraft- und zeitsparende Einrichtung für einen Berufsimker.

Früher hielten wir bis zu 100 Völker auf einem Stand. Heutzutage halten wir jedoch 40 für die höchste, rentabelste Zahl. Unsere 320 Ertragsvölker sind gegenwärtig auf neun Stände mit verschiedenen Böden und Trachtmöglichkeiten verteilt. Die Haupttrachten bieten jedoch in allen Fällen der Weißklee und die Heide. Der große Nachteil von Südwest-Devon ist, dass wir auf sehr beschränkte Trachtverhältnisse angewiesen sind und dass uns zudem der höchste Regenfall in ganz England beschert wird – die Seegegend im Nordwesten ausgenommen. Die Großimker mit bis zu 2000 Völkern befinden sich in Gegenden, wo Esparsette und noch andere wertvolle Trachtpflanzen vorkommen und wo der Regenfall nur ein Drittel des unsrigen beträgt. Südwest-Devon ist also kein Bienenparadies, wie oft gern angenommen wird, und nur eine intensive Bienenhaltung kann sich hier lohnen.

Im jahrelangen täglichen Umgang mit Bienen gelangt der Berufsimker oft zu Kenntnissen, die dem Wissenschaftler im Labor und der Mehrzahl der Imker meistens versagt bleiben. Fürwahr, eine begrenzte Erfahrung bietet immer die Gefahr zu Folgerungen, die in der breiten Wirklichkeit ihre vorgesehene Gültigkeit verlieren, ja, sich hin und wieder als völlig irrig erweisen. Der Erwerbsimker muss im Kampf ums Dasein immer streng sachlich denken und handeln, muss scharf unterscheiden zwischen Unwesentlichem und Wesentlichem in Betriebsangelegenheiten, muss sich hüten vor jeder Voreingenommenheit und sich mit Aufgeschlossenheit allen vorkommenden Problemen widmen. Eines ist jedoch sicher: Er wird keine Maßnahme verpassen, die den Erfolg seines Bemühens in irgendeiner Weise wesentlich und zuverlässig beeinflussen kann.

Zweifellos ist mir die Mehrzahl der Betriebsweisen bekannt. Viele davon wurden von mir im Lauf der Jahre in einem entsprechenden Ausmaß erprobt. Ja, einst verließ sich der englische Imker auf die krassesten Eingriffe aller Art. Es ist nicht zu leugnen, dass hin und wieder Gewaltmaßnahmen scheinbar Erfolg brachten, aber bestimmt weit öfter versagten sie, und gar nicht selten richteten sie mehr Schaden an, als dass sie Vorteile brachten. Wäre es uns gegeben, mit einiger Sicherheit Wetter und Tracht im Voraus zu bestimmen, wäre mancher kühne Betriebseingriff wirtschaftlich gerechtfertigt. So bleibt die Mehrzahl solcher Maßnahmen für immer eine Glückssache von fraglichem Wert. Zweifellos bereiten viele dieser listigen Manöver dem begeisterten Imker manchen Spaß, aber der Erwerbsimker kann sich auf solche Sachen nicht einlassen. Er muss seine Betriebsweise auf einen sicheren und steten Ertrag unter bestmöglicher Ausschaltung aller Zufälligkeiten einstellen. Maßnahmen, die dem Erwerbsimker die zuverlässigsten und besten Ergebnisse erbringen, müssen sich notwendigerweise ebenso gut in einem Kleinbetrieb bewähren.

Obwohl unsere Imkerei gewiss intensiv betrieben wird, stützt sich die Betriebsweise dennoch auf die einfachsten und elementarsten Grundlagen und auf eine Vermeidung jeder nicht unbedingt nötigen Arbeit. Es ist wahrhaft erstaunlich, wie wenig Möglichkeiten dem Imker zu Gebote stehen, die einen positiven Einfluss auf das Wohl und

Gedeihen eines Bienenvolkes und damit auf den endgültigen Erfolg der Imkerei ausüben. Wir sollten immer daran denken: Im Wesentlichen sind unsere Bemühungen auf eine vernünftige, fürsorgliche Pflege beschränkt.

Unsere jahreszeitlichen Betriebsmaßnahmen

Von Anfang Oktober bis zum 1. März überlassen wir die Bienen ihrem Geschick. Es geht oft der ganze Winter vorbei, ohne dass ich einen Außenstand zu Gesicht bekomme. Alle Völker werden im Herbst mit dem entsprechenden Quantum Wintervorrat versorgt, hauptsächlich mit Honig. Die Beuten und die Dächer sind mittels Draht an den Holzsockeln befestigt. So machen mir die heftigsten Winterstürme keine Bedenken. Anfang März, sobald es das Wetter erlaubt, beeilen wir uns jedoch mit dem Reinigen der Bodenbretter und der Gewinnung einer flüchtigen Übersicht vom Zustand der Völker.

Auf der Mehrzahl unserer Bienenstände befinden sich 40 Völker. Folglich halten wir eine entsprechende Anzahl von Bodenbrettern in Reserve. Jeden Morgen fahren wir zu einem anderen Außenstand und tauschen dort die Bodenbretter aus. Die schmutzigen Bretter werden heimgenommen, dort in kochendem Wasser gereinigt und über Nacht getrocknet. Bis Mitte März ist diese Arbeit gewöhnlich beendet. Dann ist auch das Wetter warm genug zur ersten flüchtigen Nachschau und zur Einengung der Völker auf die Wabenzahl, die sie jeweils gut bedecken. Die Stärke eines jeden Volkes wird notiert. Aus diesen Aufzeichnungen ist die durchschnittliche Volksstärke zu ersehen und zugleich, welche der Völker hilfsbedürftig oder überstark sind, damit einige Wochen später ein Ausgleich durchgeführt werden kann.

Ausgleich und Umweiselung

Ende März erfolgt das Ausgleichen und die Umweiselung der Völker. Beide Maßnahmen werden in einem Arbeitsgang verrichtet. Zwecks Umweiselung muss die Mehrzahl der Königinnen sowieso ausgesucht werden, und so können beide Operationen bestens mit größter Arbeitsersparnis gleichzeitig erledigt werden. Selbstverständlich kann ein Ausgleichen um diese Zeit nur erfolgen, wenn mehrere Stände vorhanden sind. Der Überschuss von Bienen und Brut wird von einem Stand zum anderen gebracht. So besteht keine Möglichkeit einer Rückkehr der Flugbienen zum Mutterstock. Auf diese Weise ist ein Ausgleichen absolut zuverlässig und das Ergebnis in jedem Fall im Voraus bestimmt. Wo nur ein Stand vorhanden ist, kann ein Ausgleichen erst unternommen werden, wenn eine große Anzahl von Jungbienen vorhanden ist, die nicht zu ihrem Mutterstock zurückkehren. Aber auch dann muss eine Maßnahme dieser Art noch mit Sorgfalt durchgeführt werden.

Das Ausgleichen der Völker Ende März betrachte ich als eine der wichtigsten Maßnahmen unserer Betriebsweise. Ihre Vorteile sind vielseitig, betriebstechnisch und wirtschaftlich. Sie erlaubt uns, in der nachfolgenden Entwicklungsperiode jeden Stand weitgehend als eine Einheit zu behandeln. Wenn z. B. dieses oder jenes Bienenvolk mehr Raum benötigt, so ist das auch bei jedem anderen Volk der Fall. Diese Gleichheit vereinfacht die Bedienung eines jeden Standes ungemein. Nichts bedingt in einem Großbetrieb mehr Arbeit und Zeitverlust, als unter- und überdurchschnittlich starke Völker während der Entwicklungsperiode vor der Haupttracht. Auf sich selbst angewiesen, erlangen die schwachen Völker gewöhnlich nie die nötige Stärke zur Haupttracht. Oft entwickeln sie sich erst auf Kosten der Ernteergebnisse. Dagegen vergeuden die überstarken Völker ihre Kraft oft im Schwärmen, lange bevor die Haupttracht sich einstellt, und befinden sich dann nicht im besten Zustand zum richtigen Zeitpunkt.

Diese Betriebsmaßnahme erwirkt überdies einen wirtschaftlichen Vorteil von ausschlaggebender Bedeutung: Die Überlegung zeigt, und die Erfahrung erbringt den Beweis, dass auf diese Weise die Gesamtstärke der Völker zur Zeit der Haupttracht größer sein muss, als es ohne Ausgleichen der Fall wäre. Selbstverständlich spiegelt sich diese Tatsache auf handgreifliche Art im Endergebnis wider: nämlich in der Honigernte.

Die allgemeine Umweiselung erfolgt bei uns im März, denn um diese Jahreszeit verursacht sie am wenigsten Arbeit und erzeugt keine unerwünschte Verminderung der Volksstärke. Das Gegenteil ist der Fall, wenn diese Maßnahme im Sommer durchgeführt wird. Eine Königin erreicht ihre Vollkraft und höchste Fruchtbarkeit im Jahr nach ihrer Geburt und kann anscheinend ihre volle Legemöglichkeit im Sommer, in dem sie geboren ist, nicht entfalten. Diese Tatsache wird vielleicht mancher bezweifeln. Aber unser Betrieb mit dem geräumigen Brutkasten und der Spättracht erbringt immer wieder den Beweis der Richtigkeit dieser Feststellung. Das Zufügen einer vorgeprüften Königin zu dieser Jahreszeit, die sich in jugendlicher Vollkraft befindet, fördert dagegen die Frühjahrsentwicklung wie wohl keine andere Betriebsmaßnahme.

Ich möchte nicht den Eindruck erwecken, dass wir nur im März umweiseln. Gewiss, die allgemeine Umweiselung findet zu diesem Zeitpunkt statt, aber einzelne Völker werden auch, wenn es nötig ist, zu jeder Zeit umgeweiselt. Im Notfall werden auch neu begattete Königinnen verwendet, nämlich dann, wenn die Reserve von vorjährigen erschöpft ist. Allerdings verwende ich ungern neu begattete wegen des schon erwähnten Nachteils und wegen der Schwierigkeit ihrer Annahme. Obwohl ich während meiner Imkerjahre alle nennenswerten Zusatzmethoden erprobt habe, darunter einige, die kaum im deutschen Sprachgebiet bekannt sind, weiß ich noch von keiner, die man im Fall neubegatteter Königinnen als zuverlässig betrachten kann. Und doch werden solche allgemein von der Imkerschaft zugesetzt, trotz der großen Verluste.

Meine Ansichten und Befunde bezüglich des Zusetzens von Königinnen sind bekannt. Sie wurden in deutscher Sprache vor nun beinahe 20 Jahren veröffentlicht, niedergeschrieben vor bald 30 Jahren und ständig angewandt seit 40 Jahren. Seit der Veröffentlichung hatte ich weitere Gelegenheit zur Erprobung meiner Ansichten bei verschiedenen Rassen und Kreuzungen, mit denen ich vor 1950 keine Erfahrungen hatte. Die weiteren Ergebnisse bestätigen die Richtigkeit meiner vorhergehenden Befunde. Einen „Rassenhass", von dem öfter in der deutschen Literatur die Rede ist, konnte ich nie bestätigt finden. Es besteht aber kein Zweifel, dass Jungköniginnen gewisser Rassen bedeutend nervöser veranlagt sind, als es sonst der Fall ist, und dass Königinnen, die so veranlagt sind, zu jeder Zeit sehr leicht eine feindliche Gesinnung erregen und abgestochen werden. Dies ist in der Tat ein weiterer Beweis der Richtigkeit meiner allgemeinen Erfahrung.

Kurz gefasst: Die Annahme einer Königin ist nicht durch den Geruch bestimmt, sondern durch ihr Benehmen. Eine vollreife Königin, also eine, die sich schon längere Zeit in Eiablage befindet, verhält sich ruhiger und kann mit absoluter Sicherheit zugesetzt werden, unter voller Missachtung aller bisher als unumgänglich betrachteten Vorsichtsmaßnahmen. Der Geruch oder Volksgeruch – falls es einen gibt, was ich bezweifle – spielt keine Rolle bei der Annahme. Wichtig ist ausschließlich das Verhalten der Königin. Dieses Verhalten aber hängt vom Zustand der Königin zur Zeit ihrer Befreiung ab.

Eine frisch begattete Königin ist eben nervös und erschrickt leicht. Die geringste Störung, jede Öffnung des Stockes, kann ihr Leben in Gefahr bringen. Im Lauf weniger Wochen ändert sich ihr Verhalten grundlegend. Ihre Bewegungen werden gesetzter, matronenhafter, ihre Reaktionen gleichmütiger. Wenn sie etwa vier Wochen lang gelegt hat, ist sie „vollreif". Den Höhepunkt ihrer Leistungsfähigkeit erreicht sie, wie schon betont, erst im folgenden Jahr, aber in ihrem Verhalten zeigt sie von nun an keine wesentlichen Veränderungen mehr. Die Frist, die ich für die Erlangung der Vollreife angegeben habe – vier Wochen –, muss für die Königinnen mit angeborener Nervosität oder bei gewissen Bastarden etwas länger angesetzt werden. Nach meiner Erfahrung genügt in den extremsten Fällen die Zeit von zwei Monaten.

Es gibt wohl nichts Misslicheres in der modernen Bienenhaltung als den Verlust hochwertiger Königinnen, deren Aufzucht viel Arbeit, Zeit und Geld kostet. Die Folgen des Verlustes sind oft noch schwerwiegender. Sie kommen in klarster Form zutage am Ende der Tracht und bei der Ernte.

Bei der allgemeinen Umweiselung im März fahren wir jeden Morgen zuerst zur Belegstation, wo die letztjährigen Königinnen begattet und überwintert wurden sowie inzwischen ihre Vorprüfung auf vier Dadant-Halbwaben überstanden. Der Winter auf der Dartheide ist sehr schneereich, kalt und rau. Die Vorprüfung in den Kleinvölkern ist folglich streng. Die Königinnen, die wir jeweils zur Umweiselung im Lauf des Tages benötigen, werden mit je vier Begleitbienen in Drahtkäfige gebracht und mit Zuckerteig versehen. Diese Käfige messen 9 x 2,5 x 1,3 cm und sind an beiden Enden mit einem 1,5 cm breiten Holzblöckchen versehen, von denen jedoch eines ein Schlupfloch von 8 mm Durchmesser für Königin und Bienen sowie zur Anbringung des Zuckerteigverschlusses hat. Auf den Außenständen bringen wir die alten Königinnen auf gleiche Weise in Käfige und setzen sie noch abends den weisellosen Begattungsvölkchen zu, wo sie bis Mitte oder Ende Mai verbleiben.

Die jungen Königinnen werden sofort nach Wegnahme der alten Königinnen den Ertragsvölkern im Drahtkäfig mit Begleitbienen und Zuckerteigverschluss zugesetzt und von dem jeweiligen Volk innerhalb weniger Stunden befreit. Die Käfige werden zwischen den oberen Leisten zweier Waben eingeklemmt. Sofort nach der Befreiung übernehmen die Königinnen ihre normale Betätigung, als wenn nie etwas geschehen wäre. Falls aus irgendeinem Grund erwünscht, kann eine Nachschau zu jeder Zeit erfolgen, sogar am selben Tag der Zusetzung, ohne jede Gefahr. Den Verlust einer Königin, zugesetzt auf diese Weise, ob im Frühjahr, Sommer oder Herbst, konnten wir nie verzeichnen, außer es war ohne unser Wissen eine unbegattete Königin vorhanden, was hin und wieder vorkommt. Allerdings, Königinnen, die sich aus irgendeinem Grund nicht in Eiablage befinden, zum Beispiel solche, die durch die Post kamen, kann man nicht auf diese Art zusetzen. Man muss sie zuerst in ein Kleinvolk verbringen, bis sie wieder in voller Legetätigkeit sind.

Nach meinem Ermessen ist diese Zusetzmethode, verbunden mit einer entsprechenden Reserve von vorgeprüften Königinnen, der Schlüssel zu unserem Erfolg. Ohne eine sichere Zusetzmethode bleibt das wirtschaftliche Ergebnis einer modernen Imkerei weitgehend dem Zufall überlassen. Abgesehen vom Wetter und der Tracht, über die wir keine Gewalt haben, ist die Königin die Urquelle des Gedeihens und der Leistungsfähigkeit eines Volkes. Durch das Zugeben einer vollreifen Königin sind wir imstande, die Haupttriebfeder des Volkslebens zu erneuern, ein Volk zu verjüngen und es ständig auf dem Höchststand seiner Leistung zu erhalten. Eine sichere Zusetzmethode ist folglich eine unumgängliche Notwendigkeit einer jeden Betriebsweise.

Die Entwicklungspflege

Bei der allgemeinen Umweiselung erhalten annähernd zwei Drittel der Ertragsvölker junge Königinnen. Die besten der zweijährigen verbleiben einstweilen in den Ertragsvölkern, die auserlesensten davon werden Anfang Mai an Institute, Vereine und Berufsimker für Zuchtzwecke abgegeben.

Nach dem Ausgleichen Ende März sitzen die Völker gewöhnlich auf sieben Dadant-Waben. Die durchschnittliche Volksstärke ist mehr oder weniger bestimmt von den Trachtverhältnissen auf der Heide im vorhergehenden Herbst. Nach Jahren, in denen die Tracht total versagte, was hin und wieder vorkommt, kann das den nahen Zusammenbruch der Völker bedeuten. So z. B. 1947, als die Ertragsvölker nach dem Ausgleichen knapp vier Waben bedeckten. Extreme Volksstärke zu diesem Zeitpunkt ist jedoch nicht erwünscht, denn wir haben keine Frühtracht von Bedeutung. Eine mittelmäßige Volksstärke ergibt allgemein die beste Entwicklung und endgültige maximale Volksstärke zum richtigen Zeitpunkt. Jeder erfahrene Imker weiß, dass sich ein Ableger vom vorhergehenden Jahr oft besser entwickelt und weit bessere Erträge ergibt als ein Volk, das im zeitigen Frühjahr überstark ist. Der Sachverhalt ist selbstverständlich total anders, wenn eine ergiebige Frühtracht vorhanden ist. Ausgesprochene Frühtrachtgegenden gibt es in England wohl keine. In Südwest-Devon kommt nur eine Entwicklungstracht von Schleh- und Weißdorn, Ahorn und Apfelblüte in Frage. Steinobst sowie Birnen gibt es bei uns nicht. Ahorn und Weißdorn sind ohne Zweifel unsere ergiebigsten Frühtrachtquellen, wenn das Wetter sich günstig erweist, was nicht oft vorkommt.

Nach dem Ausgleichen und der Umweiselung bleiben die Völker ungestört bis annähernd Mitte April. Sie werden bis zu diesem Zeitpunkt eng gehalten, denn auf diese Weise geht die Entwicklung besser voran. Auch der Gesundheitszustand wird so besser bewahrt. Falls sich das Wetter inzwischen nicht gar zu ungünstig gestaltet hat, sollte jedes Volk um diese Zeit eine weitere Wabe benötigen und zehn Tage später wiederum eine weitere. Die Erweiterung erfolgt schrittweise, bis Ende Mai oder Anfang Juni jedes Volk seine Vollzahl von zwölf Brutwaben besitzt. Waben oder Mittelwände – jedes Volk muss jährlich eine Mindestzahl von drei Mittelwänden ausbauen – werden immer an der Außenseite, nächst dem Schiedbrett oder der entgegengesetzten Außenwand, eingehängt. Es wird kein Zwang angewendet; die Erweiterung des Brutnestes muss aus eigenem Drang erfolgen. Ein Dazwischenhängen kommt bei uns nicht in Frage, nur ausnahmsweise, und dann nur vorübergehend. Auch entfällt ein Verschränken des Brutnestes oder ein Ausbreiten der Waben mit Brut, wie es einst in England praktiziert wurde. In der Tat stützte sich einst der englische Imker weitgehend auf Eingriffe dieser Art. Die Imker von damals hatten auch ein besonderes Instrument zum Aufritzen des verdeckelten Honigs im Brutraum zur Förderung der Entwicklung. Man verließ sich damals auf die unglaublichsten Eingriffe. Es wurde mit diesen Maßnahmen ohne Zweifel viel Unheil angerichtet, aber kaum je ein positiver Vorteil – ausgedrückt in einem Mehrertrag, was allein entscheidend ist – erreicht. Es müsste sonst den Erwerbsimkern von heute schlecht ergehen, denn nach meinem Wissen verlässt sich keiner von ihnen auf solch extreme Eingriffe zur Förderung der Entwicklung der Völker. Ich habe auch noch nie von einem Fall vernommen, wo ein Sport- oder Kleinimker mit Hilfe solcher Betriebsmaßnahmen einen höheren Durchschnittsertrag erzielte als ein Berufsimker. Das bleibt hinsichtlich jeder Betriebsmaßnahme die entscheidende Überlegung, wenigstens für den wirtschaftlich denkenden Imker. Manchem machen solche Eingriffe Spaß, aber die Erreichung eines wesentlichen Vorteils bleibt immer zweifelhaft.

Ich betonte schon, dass ein Zwischenhängen bei uns nur ausnahmsweise in Betracht käme und dies eigentlich nur beim Zugeben von Mittelwänden. Normalerweise werden alle Mittelwände außen am Brutnest eingehängt. An dieser Stelle kann man sie zu jeder beliebigen Zeit zugeben, ohne eine Störung der Entwicklung und ohne dass die Mittelwände von den Bienen beschädigt werden.

Jeder praktische Imker weiß was geschieht, wenn Mittelwände in trachtloser Zeit zwischen Brutwaben eingehängt werden. Der Großimker kann unmöglich allen seinen Völkern Mittelwände zum günstigsten Zeitpunkt geben; er muss sie einhängen, wenn sich eine Gelegenheit ergibt, folglich dann an die Außenseite des Brutnestes. Dort können die Bienen sie besetzen und ausbauen, wann es ihnen beliebt. Sie werden an diesem Platz auch am schönsten ausgebaut, wenigstens von unseren Bienen. Wenn allerdings gewisse Bastarde verwendet werden, ist der Sachverhalt anders: Diese verderben die Mittelwände an der Peripherie des Brutnestes mit übermäßigem Drohnenbau. Werden jedoch Mittelwände zwischen Brutwaben eingehängt, führen sie den schönsten Arbeiterbau aus. Sie werden, sobald sie ausgebaut sind, auf die Außenseite versetzt, was allerdings viel Mehrarbeit verursacht. Es ist jedoch der einzige Ausweg, der uns bei Bastarden, die eine solche Neigung offenbaren, übrigbleibt. Nach den vorhergehenden Ausführungen wird wohl schon mancher Leser vermutet haben, dass eine Reizfütterung bei uns keine Rolle spielt. Das ist auch in der Tat so. Einst wurde bei uns die Frühjahrsreizfütterung als eine unerlässliche Betriebsmaßnahme betrachtet. Sie wurde auch zeitig begonnen. Jedes Volk bekam zu Weihnachten eine Schachtel „Candy", eine besondere Art von Zuckerteig. Nachfüllungen von ein oder zwei Pfund erfolgten bis Ende Februar. Danach wurde warme Zuckerlösung allabendlich in kleinen Portionen verabreicht.

Heutzutage wird eine Fütterung unserer Bienenvölker nur durchgeführt, wenn sie unbedingt notwendig ist. Ich füttere sehr ungern. Eine Fütterung im April oder Mai veranlasst stets ein Übermaß von Drohnenbau und Drohnenaufzucht. Später, im Juni und Juli, kann eine Fütterung ein arg unliebsames Schwärmen erwirken. Aber hin und wieder muss gefüttert werden, wenn die Not dazu zwingt, trotz aller Nachteile. Ja, es gibt Jahre, in denen vom Frühjahr bis in den Herbst gefüttert werden muss, um die Völker am Leben zu erhalten. In den Jahren 1936, 1946 und 1956 herrschten bei uns solch extreme Notstände. Wenn gefüttert werden muss, dann nie weniger als fünf bis sechs Liter auf einmal. Auf diese Weise wird viel Zeit erspart. Die Ergebnisse der Fütterung erweisen sich so auch wirtschaftlich günstiger. Die Konzentration der Lösung bleibt immer gleich: drei Teile Zucker, zwei Teile Wasser.

Unsere Fütterungsvorrichtung

Unsere besondere Fütterungsvorrichtung darf nicht unerwähnt bleiben, denn sie hat einen wesentlichen Einfluss auf die Betriebsweise. Wohl keine andere Einrichtung, von mir eingeführt, hat uns mehr Arbeit und Zeit erspart als diese. Unsere Betriebsweise wäre ohne diese Einrichtung kaum durchführbar. Vor 1917 wurde mit „Candy" gefüttert, wie damals allgemein im Gebrauch, wenn eine Fütterung für nötig erachtet wurde. Diese Art von Fütterung ist wohl die kostspieligste, die es gibt.

Aus diesem Grund übernahm ich im Sommer 1917 nach amerikanischem Beispiel die Dosenfütterung. Sie wird nun neuerlich im deutschen Sprachgebiet propagiert. Für diesen Zweck verwendeten wir Dosen, die 12,5 kg Honig fassten. Dies war gewiss ein großer Fortschritt unter den damals gebräuchlichen Fütterungsmethoden.

Jedoch hat sie manche Nachteile, sie benötigt vor allem je zwei leere Honigräume als Schutz, was in unserem Fall aus praktischen Gründen ausgeschlossen ist. Bei schnellem Temperaturanstieg, frühmorgens, besteht die Gefahr, dass sich ein Teil der Zuckerlösung über die Bienen entleert, wie auch gewöhnlich der letzte Liter. Der ganze Inhalt dagegen läuft aus, wenn sich durch Rost das kleinste Löchlein in der Dose gebildet hat, was jedoch bei den heutigen Kunststoffeimern nicht vorkommen kann.

Diese Art der Fütterung verleidete mir endgültig der Herbst 1932, als sich nach einer stürmischen Nacht die Dosen und Dächer überall befanden, nur nicht am vorgesehenen Platz. Der Futtertrog aus Holz war das Ergebnis.

Dieser Futtertrog aus Holz hat genau dieselbe Fläche wie der Brutkasten, ist aber nur 5,5 cm hoch und fasst 6 Liter Zuckerlösung. Er wird direkt über dem Brutkasten angebracht, und das Kastendeckbrett schließt den Trog oben ab. Im Original ist eine Vorrichtung für Reiz- sowie Schnellfütterung vorhanden. Die erste Einstellung wurde jedoch kaum benützt. Die Reinigung des Troges erfolgt durch die Bienen. Dieser Apparat bewährte sich besonders vorzüglich auf der Belegstation, wo mittels einer Vorrichtung alle vier Begattungsvölkchen, die in jedem Kasten untergebracht sind, gleichzeitig aus dem Trog das Futter aufnehmen. Diese Fütterungsvorrichtung erwies sich als die ideale Lösung einer Serie von Problemen, die unabänderlich erschienen und nun auf einfache Weise beseitigt wurden.

Die Konstruktion des Futtertroges ist auf Bild 24 zu sehen: Der Boden besteht aus einer 3 mm starken Hartfaserplatte, eingefalzt 10 mm in den auf Gehrung zugeschnittenen Holzrahmen. Die Gehrungen werden durch Wellnägel, die je quer über die Gehrungsnaht eingeschlagen sind, zusammengehalten. Der Aufstiegsklotz mit Blechkappe, innerhalb der die Bienen das Futter aufnehmen, befindet sich an der Mitte vom Trog. Die Blechkappe reicht nur bis zu 7 mm zum Boden und erlaubt somit den Bienen Zutritt zur Reinigung des Troges, wenn er fast leer ist. Der ganze Trog wird nach Fertigstellung in einem heißen Paraffinwachsbad wasserdicht gemacht. Dieses Abdichten wird alle fünf Jahre erneuert.

Bis zur Einführung des Futtertroges wurde immer warm gefüttert, was wiederum viel Arbeit und Zeit in Anspruch nahm. Die Warmfütterung hat überdies sehr große betriebstechnische Nachteile, die ich damals noch nicht voll erkannte, die Kaltfütterung dagegen hat sehr wichtige Vorteile, abgesehen von der Ersparnis an Zeit, Arbeit und Heizmaterial. Die Zubereitungsweise könnte nicht einfacher sein. Der Kristallzucker wird in kaltem Wasser aufgelöst. Zu diesem Zweck verwenden wir einen offenen Behälter, der annähernd eineinhalb Tonnen Zuckerlösung fasst. Das vorbestimmte Quantum Wasser lässt man zuerst in den Behälter laufen, dann wird die entsprechende Anzahl Zentner Zucker in das Wasser geschüttet. Nach jedem Zentner wird gerührt. Nachdem das volle Quantum Zucker im Behälter ist, wird die ganze Masse 15 Minuten lang leicht in Bewegung gehalten. Die Zuckerlösung ist dann noch trüb, jedoch bereit zur sofortigen Fütterung. Die vollständige Klärung nimmt eine Stunde in Anspruch, die wir jedoch nicht abwarten. Die Zubereitung von 1½ Tonnen Zuckerlösung dauert nicht länger als eine halbe Stunde.

Die Zuckerfütterung in der modernen Imkerei ist ohne Zweifel ein Übel, das aber weitgehend unvermeidlich ist – wenigstens in allen Ländern mit klimatischer Unbeständigkeit, ähnlich wie in England. Folglich ist eine entsprechende Einrichtung für die Zubereitung der Zuckerlösung und die Fütterung eine wichtige betriebstechnische Angelegenheit.

Aufsätze, Bauerneuerung

Der Sirup wurde mit der motorbetriebenen Honigpumpe in ein Fass gepumpt, das sich im Lieferwagen befindet, so zu den Bienenständen transportiert, dort in Gießkannen abgefüllt und aus diesen in die Futtertröge geschüttet. Innerhalb von zwölf Stunden hat die Zuckerlösung die Stockwärme angenommen. Räuberei kommt mit der Kaltfütterung und diesem Futtertrog nicht vor. Folglich kann zu jeder Tageszeit ohne Bedenken gefüttert werden. Die ganze Einrichtung ist so vortrefflich und zeitsparend, dass zwei Personen 320 Völker an einem Tag füttern können, die Bereitung der Zuckerlösung eingeschlossen, und bei Außenständen mit Entfernungen bis zu 15 km.

Mitte Mai, zur Zeit der Apfelblüte, erhalten unsere Ertragsvölker den ersten Aufsatz – also ehe sie die volle Wabenzahl im Brutraum besetzen. Würden wir warten mit dem Aufsatzgeben, bis sie alle zwölf Waben benötigen, so würde sich Schwarmneigung noch vor Ende Mai einstellen. Gibt man dagegen den Aufsatz, sobald die Völker neun Waben im Brutkasten voll bedecken, so geht die weitere Entwicklung ohne Unterbrechung vorwärts. Wir verwenden Rundstab-Absperrgitter von besonders starker Konstruktion. Viele Jahre lang benützten wir keine Absperrgitter, aber es stellte sich heraus, dass die Nachteile größer waren als die Vorteile, die so erzielt wurden. Wie schon erwähnt, muss jedes Volk jährlich eine Mindestzahl von drei Mittelwänden im Brutraum ausbauen. Der erste Aufsatz wird womöglich mit einigen ausgebauten Waben versehen, aber sonst nur mit Mittelwänden. Unsere Völker müssen jedes Jahr notwendigerweise viel bauen.

Die periodische Bauerneuerung im Brutraum betrachte ich als eine unumgängliche Vorsichtsmaßnahme zur Verhütung von Bienenkrankheiten. In der Tat wissen wir, dass eine erfolgreiche Ausmerzung von

Brutkrankheiten sowie der Nosema nur auf diese Weise möglich ist. Das Ideal ist ohne Zweifel die totale Bauerneuerung alle vier Jahre, wie von uns einst angewandt.

Hatten die Ertragsvölker ihre volle Stärke erreicht, also gegen Ende Juni, kurz vor der Haupttracht, wurden jedes Jahr 80 Völker in sterilisierte Beuten, mit Mittelwänden versehen, umlogiert und eine Woche später mit einem Aufsatz erweitert. Die Brut mit genügend Bienen wurde inzwischen abseits gestellt und, sobald die Brut geschlüpft war, den Ertragsvölkern zurückgegeben. Die Ernteergebnisse vom Weißklee wurden durch dieses Verfahren kaum merklich beeinflusst, im Gegensatz zur Honigernte aus der Heide, die in einem solchen Ausmaß litt, dass sich die totale Bauerneuerung in unserem Fall trotz der sonstigen Vorteile als unwirtschaftlich erwies.

So wurden wir, wie schon angedeutet, zu einem Kompromiss gezwungen. Die drei ältesten Waben kommen Ende Juni an die Außenseite des Brutnestes. Zwei davon werden vor der Wanderung in die Heide und die dritte im folgenden Frühjahr entfernt. Der Eingriff und die Neuordnung des Brutnestes Ende Juni, das durch dieses Verfahren der Bauerneuerung bedingt ist, bringen hin und wieder unerwünschte Folgen mit sich. Das Umhängen der alten Waben und die Störung, die damit verursacht wird, kann zu Schwarmvorbereitungen Anlass geben.

Die Überwachung der Ertragsvölker

Unsere Betriebsweise verlangt eine scharfe Überwachung der Ertragsvölker während der Entwicklungsperiode und Schwarmzeit. Von Ende März bis Ende Juni dürfen nie mehr als zwei Wochen ohne eine Kontrolle vergehen. Ich habe also zu jeder Zeit den Finger auf dem Puls der Entwicklung, Die periodische Nachschau dient hauptsächlich zur Feststellung der Güte einer jeden Königin. Falls eine unseren Anforderungen nicht nachkommt, wird sie sofort ohne Erbarmen ersetzt. Dagegen erfolgt während der Schwarmzeit alle acht Tage eine Nachschau. Von Ende Juli an, nach Entnahme der zwei alten Brutwaben, die um diese Zeit keine Brut mehr haben, werden die Untersuchungen eingestellt. Eine letzte Kontrolle erfolgt nach der Wintereinfütterung gegen Ende September. Außerhalb der Schwarmzeit nimmt eine Nachschau immer nur wenige Minuten in Anspruch. Ein Blick auf die ersten zwei oder drei Brutwaben erteilt uns bei der Mehrzahl der Untersuchungen Aufschluss. Als wir noch mit der englischen Biene und dem kleinen Wabenmaß imkerten, fiel der erste Schwarm regelmäßig vor Ende April. Heute offenbaren sich die ersten Anzeichen einer erwachenden Schwarmneigung kaum vor Ende Juni. Unsere Hauptschwarmzeit beschränkt sich jetzt auf die Zeitspanne zwischen dem 5. und dem 20. Juli.

Schwarmbienenzucht und Schwarmpflege sind in England unbekannt. Es gibt nur eine Schwarmverhinderung. Das Schwärmen ist ohne Zweifel das große Problem, der Stein des Anstoßes in der modernen Imkerei – ganz besonders in der Großimkerei mit Außenständen, die in Entfernungen von vielen Meilen verstreut sind. Wie die Betriebsweisen anscheinend das Steckenpferd des deutschen Imkers sind, so sind die Schwarmverhinderungsmaßnahmen das des englischen Imkers. Aber auch hier hat sich im Lauf der Jahre eine Stille eingestellt. Die Wogen der Ideen haben sich geglättet.

Eine Schwarmverhinderung mittels Umhängen, Bildung von Ablegern, Schröpfen usw., wie sie heute im deutschen Sprachgebiet praktiziert wird, kommt bei uns nicht mehr in Betracht, in erster Linie wegen der Unzulänglichkeit und Mehrarbeit, die solche Maßnahmen verursachen. Es gibt wirklich nur eine sichere Schwarmverhinderung, nämlich die Wegnahme der Königin, sobald sich

Schwarmanzeichen in einem Volk bemerkbar machen. Das war auch die Maßnahme, die ich einst unterschiedslos anwandte, als wir noch mit englischem Vereinsmaß imkerten, und die ich jetzt noch im Notfall anwende. Dieses Verfahren hat, in wirtschaftlicher und praktischer Hinsicht. sehr beachtenswerte Vorteile. Ginge es nicht um unsere Spättracht, so würde ich diese Methode heute noch allgemein anwenden.

Wie schon erwähnt, machen sich bei uns die ersten Schwarmanzeichen gegen Ende Juni bemerkbar, also zu Beginn der Haupttracht. Wenn man zu diesem Zeitpunkt die Königin wegnimmt und das Volk zehn Tage weisellos lässt, dann alle inzwischen aufgeführten Weiselzellen zerstört und danach unmittelbar eine junge begattete Königin zusetzt, erspart man sich alle Arbeit hinsichtlich einer weiteren Schwarmgefahr für diesen Sommer. Und, was nicht weniger wichtig ist, man erreicht zugleich einen beträchtlich höheren Ertrag vom Weißklee, als es sonst möglich wäre. Nach Annahme der jungen Königin und sobald ungedeckelte Brut vorhanden ist, stürzt sich das Volk mit einem Sammeleifer auf die Tracht, wie ihn sonst nur ein Schwarm offenbart.

Diese Schwarmverhinderungsweise hat jedoch noch weitere Vorteile. Die annähernd zwei Wochen dauernde Unterbrechung im Brutgeschäft, sowie die in der darauffolgenden Nachkommenschaft, hat einen wesentlichen Einfluss auf den Gesundheitszustand und die Verhütung von Krankheiten, ähnlich wie von der Natur im Wildzustand der Bienen erstrebt. Die Unterbrechung bedingt weiter eine Verminderung der Volksstärke nach Ende der Haupttracht, zu einem Zeitpunkt, an dem eine Überstärke, da keine weitere Trachtmöglichkeit nachkommt, ein ganz schwerer Nachteil ist. Ein Volk, so behandelt und in diesem Zustand, geht ausschließlich mit Jungbienen in den Winter, und es ist erstaunlich, mit welchem Schwung die Entwicklung im Frühjahr vonstatten geht.

Wie schon hervorgehoben, ist man mit diesem Verfahren nie im Zweifel: Geht es oder geht es nicht? Die betriebswirtschaftlichen Vorteile für eine Gegend, in der es nur eine Tracht von Weißklee gibt, sind unübertroffen.

Diese Schwarmverhinderungsweise hat in unserem Fall allerdings einen ganz wesentlichen Nachteil: Die Volksstärke, die wir auf der Heide unbedingt benötigen, ist im August nicht vorhanden, schon wegen der zweiwöchigen Unterbrechung im Brutgeschäft zum entscheidenden Zeitpunkt, und überdies als Folge der Tatsache, dass junge Königinnen nie so legefreudig sind wie vorjährige. So blieb uns keine andere Wahl, als die Schwarmverhinderung mit einer anderen Maßnahme zu erreichen, mit einer, die am weitestgehenden die optimale Stärke der großen Mehrzahl der Völker für die Tracht auf der Heide im August erhält.

Nach meinem Ermessen kommt hier nur ein Verfahren in Frage, das allerdings keine ideale Lösung des Problems darstellt, nämlich eine wöchentliche Kontrolle aller Völker während der Schwarmzeit und Wegnahme jeder Schwarmzelle, wo immer vorhanden. Die Kontrolle erfolgt sowieso, nun allerdings in kürzeren Abschnitten. Ein Blick in den Brutraum und auf die ersten paar Waben genügt zur Feststellung, ob alles in Ordnung ist, was durchschnittlich je Volk vier Minuten in Anspruch nimmt. Falls Schwarmzellen vorhanden sind, müssen diese zerstört werden. Legt die Königin noch normal, so besteht jede Wahrscheinlichkeit, dass bei der nächsten Untersuchung keine mehr vorzufinden sind, was auch gewöhnlich der Fall ist. Sollten dagegen bei der nächsten Kontrolle erneut Weiselzellen vorhanden sein, so müssen diese wieder zerstört werden, bis die Schwarmneigung versiegt. Wo ein Schwarmversuch stattfindet, geht hin und wieder eine Königin wegen des gestutzten Flügels verloren. Sie wird alsbald ersetzt. Aber solche Völker sind von keiner nennenswerten Bedeutung mehr für die Heide.

Ich hätte eigentlich schon zuvor erwähnen sollen, dass wir nie eine Königin zusetzen, ohne ihr einen Flügel zu stutzen. Diese Maßnahme verhindert das Schwärmen nicht, aber ein Schwarm kann nie durchgehen, er muss ohne eine Königin immer wieder zurück. Das Stutzen der Flügel erspart den Verlust mancher Schwärme und gleichzeitig alle Gefahren, Mühe und Arbeit, die mit dem Einfangen verbunden sind, dies insbesondere, wo sich hohe Bäume in der nächsten Umgebung befinden. Einen Schaden oder Nachteil, verursacht durch das Stutzen der Flügel, habe ich in 50 Jahren nie bemerkt. Ein Imker mit vielen Außenständen könnte ohne diese Maßnahme kaum mit Erfolg imkern, außer er arbeitete mit einer sehr schwarmträgen Biene. In jedem Fall wird das Stutzen der Flügel – es wird nur die Hälfte von einem Flügel jeder Königin abgeschnitten – bei uns als eine elementare Selbstverständlichkeit angesehen. Das Stutzen hat jedoch nur Sinn in Verbindung mit einer wöchentlichen Kontrolle der Völker während der Schwarmzeit.

Die soeben beschriebene Schwarmverhinderungsweise, die von uns angewendet wird, stützt sich auf eine züchterisch erzielte schwarmträge Biene. Sie wäre zwecklos mit einer extrem schwarmlustigen Biene wie der Carnica oder bestimmten Erstkreuzungen. Bei diesen kommen nur radikale Maßnahmen in Frage: Eingriffe, die sich wohl in einem Kleinbetrieb bewähren, die aber in einer streng wirtschaftlich geführten Imkerei keinen Platz haben.

Das Raumgeben während der Tracht

Bei den wöchentlichen Kontrollen während der Schwarmperiode, die ja zugleich die Zeit der Haupttracht ist, werden, wo es nötig ist, weitere Honigaufsätze gegeben. Jeder weitere Aufsatz, mit Mittelwänden versehen – was bei uns während der Weißkleetracht ständig der Fall ist –, wird immer über den ersten Aufsatz gestellt. Oben angebracht, verursacht die Raumgebung nicht die geringste Störung, erspart uns Arbeit und bietet noch den weiteren Vorteil, dass an dieser Stelle die Mittelwände am schnellsten ausgebaut werden. Überdies gibt diese Methode die Gewähr, dass, falls sich plötzlich eine Änderung im Wetter einstellt, der Honigsegen nicht über zu viele Waben ausgebreitet wird. Man kann auch so ohne Mühe zu jeder Zeit von oben feststellen, nur bei Abnahme des Deckbretts, ob Raummangel besteht. Bei guter Tracht ist das ein wesentlicher Vorteil, denn hin und wieder kommt es vor, dass sich eine schnelle Nachschau zwischen den wöchentlichen Untersuchungen als unerlässlich erweist. Gegen Ende der Tracht wird die Stellung der Aufsätze geändert. Diese Arbeit erfolgt gleichzeitig mit der letzten wöchentlichen Untersuchung des Brutnestes. Der oberste Aufsatz kommt nun direkt auf das Absperrgitter, weil er noch nicht voll ist, und der bisher unterste kommt ganz nach oben. Das erlaubt zu jeder beliebigen Zeit die Abnahme der vollen Aufsätze ohne weitere Störung und bringt zugleich den noch nicht vollen in die für die Bienen günstigste Lage, denn gegen Trachtschluss tritt die Neigung zur brutnahen Honigstapelung stark in Erscheinung.

Zum Entfernen der Bienen aus den vollen Aufsätzen werden Porter-Bienenfluchten verwendet. Die Porter-Bienenflucht ist eine amerikanische Erfindung und ist seit der Jahrhundertwende in Gebrauch. Das Gehäuse ist aus Blech und misst 70 x 35 x 7 mm. Innerhalb des Gehäuses sind seitlich zwei Paar 35 mm lange leichte Stahlfedern in pfeilartiger Stellung angebracht. Die Bienen zwängen sich im jeweiligen Pfeilende zwischen zwei der Federn durch, aber jede Rückkehr bleibt ihnen versperrt. Die Honigräume werden auf das Deckbrett gestellt, in dessen Mitte eine Öffnung für die Bienenflucht angebracht ist. Der Futterapparat oder auch nur das Dach schließt die Honigräume oben ab. Wenn die Honigwaben vollständig verdeckelt sind, verlassen die Bienen die Aufsätze innerhalb weniger Stunden. Wir geben ihnen jedoch zwei Tage Zeit, so dass die Wegnahme der Honigräume dann ohne Zeitverlust vonstatten geht.

Wir schleudern gewöhnlich nicht vor Ende der Tracht oder wenn leere Aufsätze zur Wanderung in die Heide nötig sind. So kommt es hin und wieder vor, dass nach einer guten Tracht ein Stand einem Wolkenkratzerviertel in Miniatur ähnelt, dem Traum- und Wunschbild eines jeden Imkers. Ertragsunterschiede zwischen den Völkern gibt es immer.

Wanderung in die Heide

Dartmoor, eine Hochlandheide mit Granitgestein und einer Höhe bis zu 700 m, bietet uns bei Wanderung eine lohnende Spättracht, die allerdings ganz bestimmte Vorbedingungen verlangt. Wie immer wieder angedeutet, ist unsere Betriebsweise darauf eingestellt, diesen Vorbedingungen vollauf zu entsprechen. Nur sehr starke Völker sowie Bienen, welche allen Anforderungen der klimatischen Verhältnisse, wie sie sie auf der Dartheide vorfinden, entsprechen, erzielen dort die erwünschten Ergebnisse. Die Heide ist öde, rau und unwirtlich und der vollen Wucht der atlantischen Stürme ausgesetzt. Eine geschützte Lage für einen Bienenstand ist kaum zu finden.

Auf der Dartheide gelangen die ersten Einzelsträucher der *Calluna vulgaris* annähernd ab 25. Juli zum Blühen. Es dauert jedoch gewöhnlich weitere drei Wochen, bis die Heide in voller Blüte steht. Sie honigt selten vor dem 15. August und fast nie nach dem 5. September. Die Tracht setzt plötzlich ein und hält oft nur wenige Tage an. Drückend schwüle, sonnige Tage, windstill oder mit einer Brise aus südlicher oder westlicher Richtung, sind am günstigsten für eine maximale Nektarerzeugung. Unglücklicherweise bedingen diese Verhältnisse oft ein Gewitter, das gewöhnlich nach drei Tagen kommt und das Ende der Tracht verursacht. Es gibt auch *Erica cinerea* und *Erica tetralix* auf der Dartheide, aber diese beiden Arten blühen früher und kommen bei uns kaum in Betracht. Sie sind wirklich unerwünscht, denn ihr Honig ist minderwertig. Ihm fehlt das Aroma des eigentlichen Heidehonigs.

Die Wanderung beginnt fast alle Jahre am 28. Juli und nimmt annähernd zehn Tage in Anspruch. Der Transport beginnt vor Sonnenaufgang. Folglich wird jeden Tag nur mit einem Stand von 30 bis 40 Völkern samt allem Zubehör gewandert. Die Entfernungen schwanken zwischen 25 bis 50 km. Die nötigen Vorbereitungen, das Anbringen der Wandergitter und Befestigungsstäbe, erfolgen tags zuvor. Wir verwenden seit bald 50 Jahren eine sehr einfache und wirksame Vorrichtung zur Befestigung der Beutenteile. Auf der Unterseite eines jeden Bodenbretts sind zwei Messingplatten von 6 x 2 x 1 cm mit einem 6-mm-Gewinde angebracht. Diese Platten sind ständig am Bodenbrett befestigt, eine vorn und die andere hinten, in der Mitte. Im Holzrahmen des Gitters sind an entsprechender Stelle auch zwei dünne Stahlplatten mit einem 9-mm-Loch in der Mitte angebracht, die als Unterlegscheiben dienen. Zwei 6-mm-Rundstäbe, mit einem Gewinde an einem Ende und einer Flügelmutter am anderen Ende, umfassen die ganze Befestigungsvorrichtung. Zur Befestigung der Beutenteile lässt man die Rundstäbe durch die Unterlagsscheiben der Gitter an der inneren Beutenwand entlang fallen. Mittels der Flügelmutter wird das Ende der Stäbe mit dem Gewinde in die Messingplatten unten am Bodenbrett eingeschraubt. Auf diese Weise werden Bodenbrett, Brutkasten, Aufsatz und Wandergitter gleichzeitig zusammengeschraubt und -geklemmt. Gitter sowie Schraubstäbe werden tags zuvor angebracht. Der Befestigungsstab vorn wird jedoch nicht voll angeschraubt. Bei Ankunft am Morgen wird ein Verschlussbrettchen in das Flugloch geschoben, dann der vordere Stab voll angeschraubt und damit das Verschlussbrettchen gleichzeitig befestigt. Danach ist das Volk wanderbereit.

In die Heide wird mit einem Aufsatz gewandert, auf dem Rücktransport ohne Aufsatz, was zwei Serien von Befestigungsstäben bedingt. Bei jedem Transport von Bienen, wie zum Beispiel beim Ausgleichen der Völker im Frühjahr, kommt diese Vorrichtung zur Verwendung. Sie ist einfach, billig, absolut zuverlässig und beschädigt die Beuten oder Beutenteile auf keine Weise.

Eine absolut zuverlässige Verschlussvorrichtung ist beim Wandern mit Bienen eine der elementarsten Vorsichtsmaßnahmen und Notwendigkeiten.

Die Behandlung der Völker auf der Heide beschränkt sich ausschließlich auf das Raumgeben, falls Wetter und Tracht günstig sind. Auf der Heide kann sich die Tracht plötzlich einstellen und mit einer Intensität, die ans Unglaubliche grenzt. Das Raumgeben erfolgt auf gleiche Weise wie bei der Kleetracht: Die leeren Aufsätze werden oben aufgesetzt. Im eigentlichen Zustand der Völker kann jetzt kein Eingriff oder keine Pflegemaßnahme eine Änderung in der individuellen Volksstärke hervorrufen.

Hier muss ich eine wichtige Tatsache hervorheben, nämlich die Bedeutung eines geräumigen Brutkastens und dessen Einfluss auf die Ernteergebnisse in der Heide. Ein Beispiel aus meiner Erfahrung wird diesen Punkt am klarsten hervorheben. Im Jahr 1933 hatten zwei Imker ihre Völker unweit von den unseren aufgestellt, in einem Fall nur ein paar hundert Meter entfernt. Beide imkerten mit englischem Vereinsmaß. 1933 war ein gutes Honigjahr und kurz nach Ende der Heidetracht hatte ich Gelegenheit, mich nach den

Ergebnissen der beiden Imker zu erkundigen. Sie berichteten, dass sie einen Durchschnittsertrag von 28 Pfund ernteten, dass nach ihrem Ermessen die Heide Anfang August gut honigte, aber mehr oder weniger versagte bei Wiedereintritt von günstiger Witterung am 24. August, welche fünf Tage lang anhielt. In Wirklichkeit ergaben diese fünf Tage die beste Tracht, an die ich mich erinnern kann, mit einer täglichen Zunahme von annähernd 20 Pfund. Wir ernteten über 100 Pfund pro Volk; weitere 40 bis 50 Pfund waren im Brutraum vorhanden. Was war nun die Erklärung dieser erstaunlichen Unterschiede? Ohne Zweifel brachten diese zwei Imker ihre Völker mit alten Bienen in die Heide, die sich bei der ersten Tracht sofort erschöpften. Brut war wohl nur in beschränktem Maß vorhanden, folglich auch kein Nachwuchs. Das muss so gewesen sein, denn beide beklagten sich später über schwere Winterverluste – eine ziemlich allgemeine Erfahrung der Vielzahl der Imker, die in die Heide wandern.

Ein Freund von mir, wohl der erfolgreichste Berufsimker in England, wandert mit seinen besten Völkern auch jedes Jahr in die Heide. Er besitzt 1700 Völker und verwendet englisches Vereinsmaß, jedoch mit 13 Waben im Brutraum. Er arbeitet mit Bienen unserer Zuchtrichtung. Seine Ernteergebnisse in der Heide betragen stets die Hälfte unseres Ertrages je Volk. Die Größe des Brutraums und die endgültige Volksstärke können auch hier die einzige Erklärung sein.

Die Hauptblütezeit der *Calluna* erstreckt sich von Mitte August bis zum 5. September. Nach diesem Zeitpunkt blüht oft noch sehr viel Heidekraut, aber von einer Tracht ist keine Rede mehr. Etwa um den 7. September werden alle Aufsätze auf die Bienenflucht gestellt, ob voll oder leer, und nach zwei Tagen entfernt. Die Völker sind dann bereit zum Rücktransport, der so schnell wie möglich erledigt wird. Je früher die Völker zur Ruhe kommen, desto besser.

Einwinterung

Nach der Rückkehr aus der Heide erhält jedes Volk sechs Liter Zuckerlösung, sofort, noch am selben Tag. Diese Fütterung erfolgt unabhängig von dem Quantum Honig, das sich im Brutraum befindet. Wie allgemein bekannt ist, überwintern Bienen schlecht, wenn sie ausschließlich mit Heidehonig versehen sind. Die nun gefütterte Zuckerlösung wird im Zentrum des Brutnestes gestapelt und folglich von den Bienen zuerst im Laufe der Wintermonate verzehrt. Auf diese Weise ist die Ruhr zwar weitgehend vermieden, doch besteht eine Gefahr immer.

Nach der ersten Fütterung werden alle Völker gewogen. Jene, die nicht ein bestimmtes Mindestgewicht haben, erhalten eine entsprechende Ergänzung der Vorräte. In totalen Fehljahren, in jenen, in denen die Heide ganz versagt, was leider gelegentlich vorkommt, wird jedem Volk nur ein Mindestquantum Zuckerlösung verabreicht, um es sicher durch den Winter zu bringen. Eine volle Auffütterung würde in solchen Jahren die Völker vorzeitig erschöpfen und erfahrungsgemäß verheerende Folgen mit sich bringen. Nach Beendigung der Fütterung erfolgt die letzte Kontrolle, deren einziger Zweck die Feststellung der Weiselrichtigkeit eines jeden Volkes ist.

Alle Völker gehen auf zehn Dadantwaben in den Winter. Eine weitere Einengung oder irgendeine andere Maßnahme kommt zu dieser Zeit nicht mehr in Betracht. Je eher ein Volk sich selbst überlassen wird, desto besser ist es für sein Allgemeinwohl. Nach dem 1. Oktober wird kein Volk mehr geöffnet. Obwohl uns hin und wieder sehr strenge Winter beschert werden, mit minus 20 °C, wird dennoch kein besonderer Winterschutz verwendet. Die Erfahrung hat eindeutig bewiesen, dass Kälte, sogar strenge Kälte, den Bienen nichts schadet, ja von Vorteil ist. Die Zehrung ist geringer und die

Entwicklung im Frühjahr umso besser. Die kalte Überwinterung hat seit meinem Vortrag in Kassel auch in Deutschland Anklang gefunden und sich bewährt. Ich halte es für angebracht, hier die Versuche und Befunde kurz zu erwähnen, auf denen diese Überwinterungsweise beruht.

Vor etwa 55 Jahren propagierten Dr. Philipp und G. Demuth in den Vereinigten Staaten einen besonderen Winterschutzkasten für je vier Völker. Die vier Beuten standen Wand an Wand mit 4 Zoll hoher Laubschicht unter den Bodenbrettern, 6 Zoll um die äußeren Seitenwände und bis zu 12 Zoll über den Deckbrettern. Viele Großimker in den nördlichen Staaten, wie auch in Kanada, stellten sich auf diese Art von Überwinterung um, so auch R. F. Holtermann, einer der erfolgreichsten Imker damals. Die Sache schien sehr verlockend, so dass ich zwei dieser Winterschutzkästen baute, genau nach den Anweisungen von Dr. Philipp – also für acht Völker insgesamt. Voller Hoffnung erwartete ich die Ergebnisse im kommenden Frühjahr. Alle acht Völker kamen in tadellosem Zustand durch den Winter. Die Beuten waren wunderschön trocken. Nirgends gab es ein Anzeichen von Wabenschimmel, was in unserer Gegend mit hoher Luftfeuchtigkeit über den ganzen Winter kaum zu vermeiden ist. Allerdings, nun kam die große Enttäuschung: Diese Völker, ohne Ausnahme, entwickelten sich nicht; es war keine richtige Brutfreudigkeit vorhanden, kein Erwachen und aufstrebendes Leben da, nur eine lungernde Weiterexistenz. Demgegenüber erstarkten die Völker in den Behelfsbeuten von damals, nur mit Dachpappe als Schutz, mit Riesenschritten. Ich entschloss mich trotzdem, diese Versuche im folgenden Winter fortzusetzen. Die Ergebnisse waren genau die gleichen. Einige Jahre später baute sich ein englischer Berufsimker 40 dieser Philipp'schen Winterschutzkästen, also für eine Überwinterung von insgesamt 160 Völkern. Ich brachte gleichzeitig die unseren für zwei weitere Winter in Verwendung, aber unsere Resultate – sowie jene des Berufsimkers mit 160 Völkern in einer Gegend 200 km östlich von Buckfast – bestätigten erneut die Ergebnisse von vier Jahren zuvor. Auch in den Vereinigten Staaten und in Kanada entsprach diese Überwinterungsweise den Erwartungen nicht. Sie kam auch dort bald außer Gebrauch.

Aus den Ergebnissen dieser Versuche ist zu folgern, dass die Kälte im Winter einen günstigen Einfluss auf die Volksentwicklung im Frühjahr ausübt und dass ein übermäßiger Winterschutz genau das Gegenteil erreicht. Allem Anschein nach kommt hier ein physiologischer Einfluss zum Zuge, von dem wir heute so gut wie nichts wissen, der sich aber dennoch als ausschlaggebend zeigt – nicht bloß in der Überwinterung, sondern danach auf die ganze Volksentwicklung im Laufe des Jahres. Ich vermute, die Völker in den Schutzbeuten kamen nie zu einer Winterruhe. Sie formten keine richtige Wintertraube, weil der Wintersitz zu warm war. Somit fehlte der Ansporn zur Entwicklung im Frühjahr. Wir legen jedoch großen Wert auf Windschutz. Wärmeschutzmaßnahmen sind ohne Zweifel angebracht im März und April, aber sonst wohl nicht oder nur in beschränktem Maß. Die Biene ist gewiss ein Sonnenkind, aber eines, das ohne Verhätscheln besser gedeiht.

Routinearbeiten

Sterilisierung von Beuten und Rähmchen

Bei der heutigen Bienenhaltung, in der die Bienen in modernen Beuten untergebracht sind, kann man offensichtlich ohne hygienische Maßnahmen keine optimalen Ergebnisse erreichen. Bei der früheren primitiven Bienenhaltung erfolgte eine periodische Entseuchung der

Bienenbehausung durch Schwefel oder zumindest durch eine totale Bauerneuerung. Der neuzeitliche Imker betrachtet dagegen besondere hygienische Maßnahmen oft als überflüssig. Die Folgen einer solchen Einstellung, sowie Ergebnisse aus einer Nachlässigkeit dieser Art, werden dann gewöhnlich anderen Ursachen zugeschrieben.

Auf die regelmäßige Erneuerung der Brutwaben in unserem Betrieb habe ich bereits hingewiesen. Die gleiche Bedeutung messen wir der Sterilisierung der Beuten und Rähmchen sowie aller Einzelteile zu. Wir verfügen hierzu über eine Einrichtung, mit deren Hilfe diese Arbeit mit zweckdienlicher Gründlichkeit und minimalem Zeitaufwand erledigt werden kann. Alle vier Jahre werden die Bodenbretter, Bruträume und Bruträhmchen in kochender Lauge sterilisiert. Die Bodenbretter werden überdies, wie schon hervorgehoben, jedes Frühjahr in heißem Wasser gewaschen, dem eine kleine Menge Lauge zugesetzt wird.

Wir haben zu diesem Zweck einen ölgeheizten, automatisch regulierbaren Dampfkessel sowie einen dampfbeheizten Kochkessel, der zwei Bruträume gleichzeitig fasst. Die Bruträume und Rähmchen passen in ein Stahlgestell, das mit einem Flaschenzug in die kochende Lauge versenkt und wieder hochgehoben werden kann. Nach der Sterilisation erfolgt sofort ein Abschwenken in einem Trog mit reinem heißem Wasser.

Wir verwenden etwa 500 g Ätznatron oder kaustisches Soda auf 100 Liter Wasser. Im Umgang mit dieser Lauge ist größte Vorsicht geboten, und Handschuhe aus Kunststoff sind unerlässlich. Das Ätznatron sollte stets zuerst in kaltem Wasser aufgelöst werden. Dieses Reinigungsmittel verwenden wir nun schon seit 40 Jahren, denn es hat sich als Lösungsmittel für Wachs und Propolis als unübertroffen erwiesen.

Maßnahmen zur Erhaltung der Beuten

Da bei der Freiaufstellung die Beuten Wind und Wetter ausgesetzt sind, erweisen sich Maßnahmen zu deren Erhaltung als unerlässlich. Die Mehrzahl der englischen Imker streicht ihre Beuten mit Kreosot. Ich konnte mich aber nie für dieses spezielle Schutzmittel begeistern. Abgesehen von seinem widerlichen Geruch bietet Kreosot in Gegenden mit hohem Regenfall nur einen beschränkten Schutz. Ölfarbe ist dagegen völlig ungeeignet für einfachwandige Beuten, selbst wenn sie von allerbester Qualität ist. Wegen des Kondenswassers, das sich in den Beuten hauptsächlich im Frühjahr ansetzt, löst sich ein Ölanstrich vom Holz und bildet Blasen.

Seit einer Reihe von Jahren verwenden wir einen neuzeitlichen Emulsionsanstrich, der sich in jeder Hinsicht vorzüglich bewährt hat. Es ist allerdings Vorsicht in der Wahl geboten, denn etliche Marken enthalten Insektizide. Für die Außenteile der Bodenbretter sowie für die Dächer verwenden wir eine Emailfarbe. Um die Beuten jedoch attraktiver zu gestalten, werden die Bodenbretter und Dächer lachsfarben, die Bruträume cremefarben und die halbhohen Aufsätze rötlich-braun gestrichen. Ein Farbschema dieser Art passt in jede Umgebung und bietet ein schönes Bild ohne besondere Auslagen und Arbeiten.

Einst hatten wir mit den einfachwandigen Bruträumen Schwierigkeiten mit einem Schimmelpilz. Wo sich dieser ansetzte, war das Holz in kürzester Zeit morsch. Seit wir alle vier Jahre das Holzkonservierungsmittel „Cuprinol“ auf der Innenseite der Bruträume anwenden, wurde diese Gefahr vollständig behoben, ohne dass nachteilige Nebenerscheinungen entstanden. Bei der Verwendung von Konservierungsmitteln dieser Art ist Vorsicht nötig, denn nach der Erfahrung haben sich etliche Marken als bienengefährlich erwiesen. Entsprechende Maßnahmen zur Erhaltung der Beuten lohnen sich, insbesondere hinsichtlich der heutigen Kosten einer Neuanschaffung. Unsere Beuten sind seit 50 Jahren in Verwendung, in einem Klima mit sehr hoher Luftfeuchtigkeit und Regenfall. Nach ihrem jetzigen Zustand zu schließen, werden wir sie noch weitere 50 Jahre verwenden können.

Wachsgewinnung

Zur Wiedergewinnung von reinem Bienenwachs aus Altwaben und dem Wachstrester aus der Heidehonigpresse hat sich unsere Dampf-Schmelzeinrichtung bestens bewährt. Dampf erlaubt eine spontane Kontrolle und ist folglich die zuverlässigste Wärmequelle, um Wachs und Wabenreste zum Kochen zu bringen. Es ist allgemein bekannt, dass die Verwendung von direktem Feuer bei Arbeiten dieser Art stets große Gefahren in sich birgt. Eine entsprechende Dampfheizung ist deshalb da eine praktische Notwendigkeit, wo jährlich eine größere Wachsmenge gewonnen werden soll.

In einem günstigen Sommer, besonders nach einer guten Heidehonigernte, beträgt unsere Wachsausbeute oft nahezu 1000 kg. Als Ausbeute erhalten wir pro Altwabe etwa 50 % mehr Wachs, als für eine Mittelwand benötigt wird. Von den unbebrüteten Waben der halbhohen Aufsätze, also vom Wachstrester, der nach dem Pressen des Heidehonigs verbleibt, ist der Gewinn doppelt so hoch.

Das reine Wachs wird in Formen, die etwa 50 kg fassen, abgefüllt. Diese Formen sind aus Sperrholz gebaut und innen mit verzinntem Kupferblech ausgeschlagen. Die Tiefe der Formen beträgt 62 cm, die seitliche Abmessung 32 x 32 cm. Nach erfolgter Abkühlung, die annähernd vier Tage dauert, lassen sich die Wachsblöcke ohne Schwierigkeiten aus den Formen entnehmen.

Bild 1 Die in der englischen Grafschaft Devon gelegene Buckfast-Abtei – 1018 gegründet und 1539 durch Heinrich VIII., wie damals alle Klöster in England, aufgehoben – verfügt heute über eine Imkerei mit besonderer Tradition. In den noch vorhandenen Ruinen der einstigen Klausurmauer wurden später Korbnischen gefunden, die Grund zu der Annahme gaben, dass hier schon vor der Aufhebung des Klosters Bienen gepflegt wurden. Mönche, die im Jahr 1882 das Kloster erneut in Besitz nahmen, fanden in ihren Gartenanlagen etliche Völker in Strohkörben vor, die sie pflegten. Aus diesem Wiederanfang entwickelte sich die heutige Bienenhaltung, deren moderne Anlage von Bruder Adam, dem Imkermeister des Klosters, geschaffen wurde.

Bild 2 Unser Bienenstand im Frühjahr 1910: Zu diesem Zeitpunkt gab es noch keine zwei Beuten von identischer Konstruktion. In der Mitte eine typische englische Beute, wie sie heute noch überall vorzufinden ist.

Bild 3 Mai 1915: Modernisierung und Vereinheitlichung waren hier schon angebahnt.

Bild 4 Sommer 1925: Auf dem Heimstand war jetzt nur noch ein Beutentyp vertreten, entsprechend den damaligen Erkenntnissen von modernster Art. Auf den Außenständen wurden die ersten Dadant-Beuten erprobt.

Bild 5 Der Heimstand im Herbst 1976.

Bild 6 August 1920: Unsere erste Wanderung in die Heide. Der Tradition gemäß erfolgte die Aufstellung in Reihen. Die nachteiligen Folgen des Verfliegens kamen hier klar zum Vorschein.

Bild 7 Ab 1923 kam nur noch die Gruppenaufstellung in Betracht. Wie an der gleichmäßigen Zahl der Aufsätze je Volk zu ersehen ist, fand hier kein Verfliegen statt.

Bild 8 Ein weiterer Beweis, dass man bei bescheidenen Behelfsbeuten mit beachtenswertem Erfolg imkern kann.

Bild 9 Wo es nötig ist, wie hier an einem Abhang, werden Gruppen von je zwei Beuten anstatt von vier aufgestellt.

Bild 10 Der Heimstand nach erfolgter Umstellung auf Dadant-Beuten im Jahr 1930. In der Mitte das Bienenhaus, in dem die Zuchtvölker untergebracht sind und die Zuchtarbeiten verrichtet werden.

Bild 11 Jeder Außenstand ist mit einer Hütte versehen, in der die Geräte, Aufsätze usw. untergebracht werden. Wie man sieht, legen wir großen Wert auf eine windgeschützte Lage.

Bild 12 Die erste Arbeit im Frühjahr beschränkt sich auf das Austauschen und Reinigen der Bodenbretter. Wie hier zu sehen ist, wird mit der Luftzufuhr nicht geknausert. Die Fluglöcher messen den ganzen Winter über 30 x 0,7 cm; im Sommer 30 x 1,4 cm; bei heißem Wetter sogar 44 x 2,3 cm.

Bild 13 Unser Futtertrog: Die Blechkappe kommt über den Aufstiegsklotz und ruht auf den 4 Abstandsleisten, die an den Ecken angebracht sind. Diese ergeben den Abstand zwischen Boden und Blechkappe und zugleich den Abstand zwischen Kappe und Klotz.

Bild 14 Der halbhohe Honigraum mit 10 Dickwaben, versehen mit maschinell senkrecht gedrahteten Mittelwänden. Die Ohren der Rähmchen hängen in entsprechenden Ausschnitten der Vorder- und Hinterwand und ergeben somit den Abstand zwischen den Waben.

Bild 15 Eine Beute, bereit zum Transport, mit Fluglochverschluss, Wandergitter und Befestigungsstab auf der Rückseite in Stellung.

Bild 16 Auf der Heide nach Ende der Tracht. Ergebnisse, wie sie hier erreicht wurden, beruhen auf einer harmonischen Zusammenwirkung aller leistungsbezogenen Faktoren. Durchschnittserträge von nahezu 50 kg Heidehonig sind keine Seltenheit.

Bild 17 40 Völker, nach getaner Arbeit, bereit zur Rückkehr von der Heide. Dächer mit Deck- und Flugbrettern in der Mitte oben; Beutenständer seitlich.

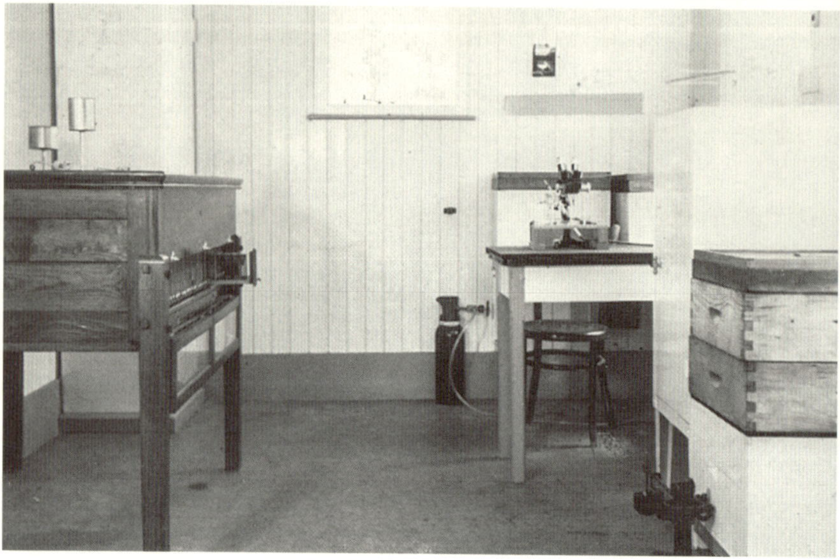

Bild 18 Innenansicht des Zuchtlabors. Links der Brutschrank für 1000 Weiselzellen, rechts der Waagstock und daneben der Heizschrank zum Erwärmen der Weiselnäpfchen vor dem Umlarven, weiter vorn der Tisch mit dem Besamungsapparat; ringsum Ablegerkästen für die Zuchtmütter.

Bild 19 Die Belegstelle auf der Dartheide. Sie steht seit 1925 in ununterbrochenem Betrieb. Von Anfang Juni bis Mitte Juli befinden sich hier zeitweise bis zu 520 Begattungsvölkchen.

Bild 20 Eine Teilansicht der Belegstation. Zwecks Erprobung verschiedener Begattungen sowie Kreuzungen kommen nahezu jedes Jahr zwei Serien Vatervölker zur Verwendung.

Bild 21 Eine zweite Belegstation für kleinere Serien von Versuchskreuzungen. Diese Belegstation befindet sich 30 km nördlich von der Abtei, die andere 15 km westlich.

Bild 22 Innere Konstruktion und Anordnung der Zuchtkästen für 4 Völkchen auf je 4 Dadant-Halbrähmchen mit herausnehmbarem Schied aus einer Hartfaserplatte.

Bild 23 Nach erfolgter Überwinterung – auf der nahen Seite 2 Völkchen, auf der anderen eines auf 8 Dadant-Halbwaben.

Bild 24 Futtertrog – alle 4 Völkchen haben gleichzeitig Zugang zum Sirup. Jeder Aufstiegsklotz hat einen doppelten Zugang, aber nur ein Völkchen hat Zutritt zum Reinigen des Troges mittels einer Kerbe am unteren Rand der Blechkappe.

Bild 25 Der kleinere Zuchtkasten für Halbrähmchen im englischen Vereinsmaß – mit Platz für 4 Völkchen auf je 3 Waben.

Bild 26 Die Anordnung der Abteile ist hier hintereinander, um eine Vereinigung und Überwinterung auf 12 Waben zu ermöglichen.

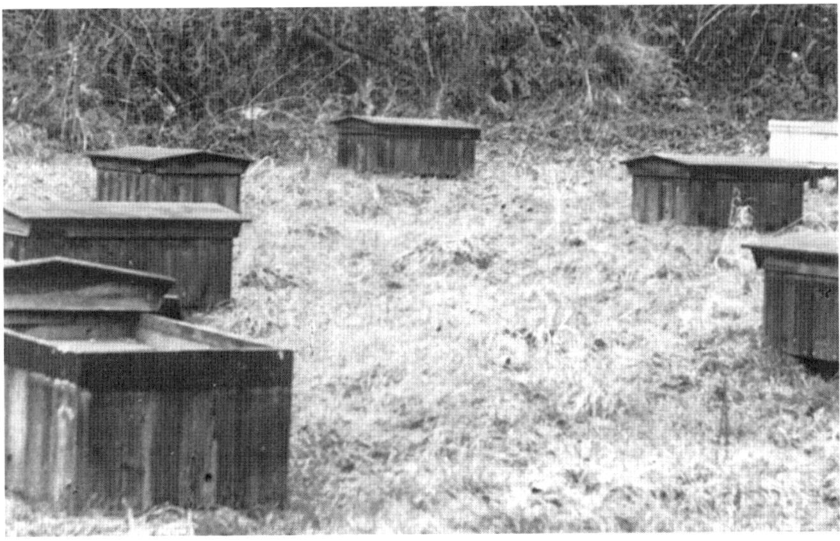

Bild 27 Schutzkästen zur Überwinterung von je 4 der Völkchen auf 12 Halbwaben des englischen Vereinsmaßes. Im Mai werden sie erneut aufgeteilt und auf die Belegstelle gebracht.

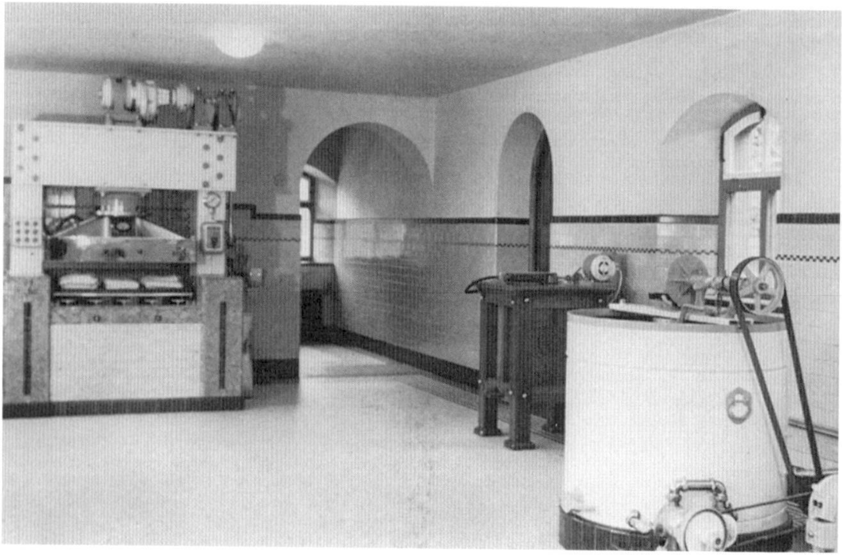

Bild 28 Schleudersaal – rechts Radialschleuder für 44 Waben zu je 2,5 kg; dahinter der Entdecklungsapparat; in der Mitte die Heidehonigpresse mit 100 t Druck und einer Leistung von 2 t Honig pro Tag.

Bild 29 Honigaufbewahrungsbehälter: 11 insgesamt mit einer Kapazität von je 2 ½ t. Im Vordergrund ein automatischer Abfüllapparat mit einer Leistungsfähigkeit bis 2000 Pfunddosen pro Stunde.

Bild 30 Jeder Honigbehälter ist mit einer Heizschlange versehen zur Erwärmung des kandierten Honigs. Ein Thermostat reguliert die Temperatur des Wassers in den Heizschlangen.

Bild 31 Kochkessel, in dem die Sterilisierung und Wachsgewinnung erfolgt. Rechts die Gussform, in die das reine Wachs abgezogen wird. Nach dem Sterilisieren erfolgt das Spülen in reinem, heißem Wasser.

Bild 32 Dampfkessel mit automatischer Ölfeuerung – eine unerlässliche Notwendigkeit in einem modernen Betrieb zur Sterilisierung der Beuten und Rähmchen sowie zur Wachsgewinnung.

Bild 33 Behälter für die Bereitung der Zuckerlösung mit Pumpvorrichtung – Fassungsvermögen 1 ½ t Sirup.

Bild 34 Norddeutschland: Teil von einem Wirtschaftsstand mit Dadant-Beuten zur Winterszeit. Das Jahr 1976 zeigte, was die Bienen, mit den nötigen Vorbedingungen, leisten können. Durchschnittserträge bis zu 136 kg und Spitzenleistungen von über 200 kg waren keine Seltenheit.

Bild 35 Süddeutschland: Stand eines Kleinimkers mit 8 Völkern und Beuten nach englischem Muster – mit Ernteergebnissen, über eine Periode von nahezu 25 Jahren, die den unseren nicht nachstehen.

Zucht und Zuchtziele

Die Bedeutung der Zucht

Wie in der Einleitung zur Betriebsweise betont, bildet die Zucht die eigentliche Grundlage für unseren wirtschaftlichen Erfolg. Die Betriebsweise befasst sich mit Maßnahmen, die die Entfaltung einer maximalen Honigleistung je Volk ermöglichen – das Endziel aller imkerlichen Bemühungen. Die Zucht beschäftigt sich dagegen mit den erblich bedingten Ursachen der Lebensäußerungen, welche diese oder jene Betriebsmaßnahme verlangen, zur Förderung oder Verhinderung, wie es gerade der Fall sein mag.

Wir haben von jeher der Zucht die größte Bedeutung zugemessen, denn nur auf diesem Weg stehen uns Möglichkeiten dauerhafter Beeinflussung und ständiger Verbesserung der wirtschaftlichen Ergebnisse zu Gebote. Es besteht kein Zweifel, die Zucht wird in zunehmendem Maß allgemein mehr und mehr an Bedeutung gewinnen, wird in der Tat jeden weiteren Fortschritt in der Bienenhaltung bestimmen. Eines ist dabei klar: Zur Erreichung der erwünschten Ergebnisse muss sie auf realistischer Basis betrieben werden. Dilettantismus und Begeisterung allein führen hier nicht zum Ziel.

In den nachfolgenden Ausführungen werde ich mich vornehmlich auf die praktischen Aufgaben der Zucht beschränken. Eine Erwähnung gewisser spezieller Probleme der Züchtung ist wohl unvermeidlich, weil diese als wesentliche Bestandteile unseren Zuchtbemühungen und praktischen Erfolgen zugrunde liegen. In erster Linie ist jedoch die Aufzucht von Königinnen mit höchstmöglicher Lebenskraft die unerlässliche Vorbedingung zu erfolgreicher Bienenhaltung, mit der sich auch der kleine Imker beschäftigen sollte.

Zuchtwege

Es stehen dem Imker zwei Zuchtwege zu Gebote: Reinzucht oder Linienzucht; Kreuzungen oder Hybridenzucht. Die Auslese (Selektion) ist die Maßnahme, die den Erfolg im Züchten erschließt und die in jeder Zuchtweise angewendet werden muss. Ohne ein Sichten, Auslesen, gibt es keine Zucht. Die Natur ist eine strenge, unbarmherzige Züchterin. Wollen wir von ihr lernen, so werden wir ersehen, dass die ganze Fortpflanzungsart und Verbreitungsweise der Biene dazu bestimmt sind, eine ständige Kreuzung und Mischung zu erzielen. Die Mehrfachbegattung ist wohl eines der wirksamsten Mittel, das die Natur für diesen Zweck entwickelte. Kreuzungen, meistens innerhalb einer Rasse, sind bei der Honigbiene die Norm.

Reinzucht

Es besteht wohl kein Zweifel darüber, dass der moderne Imker in der Reinzucht gegen die Natur handelt. Trotz dieser Tatsache ist die Reinzucht das einzige Mittel, das zu Erfolg im Züchten der Biene führt, allerdings mit ganz entschiedenen Einschränkungen.

Wie wir heute wissen, jedoch nicht immer entsprechend beachten, ist die Biene extrem inzuchtempfindlich. Eine Intensivierung dieser oder jener Eigenschaft – der eigentliche Zweck der Reinzucht – kann nur erreicht werden mit einem entsprechenden Maß von Inzucht, was sich unvermeidlich in einem Verlust an Lebenskraft äußert. Das Abnehmen der Lebenskraft offenbart sich in sehr unterschiedlicher Weise, oft in einer schleichenden und kaum erkennbaren Art. Ja, die Gefahr eines „Verzüchtens“ darf man nie außer Betracht lassen, wo eine anhaltende Reinzucht durchgeführt wird. Um ein Scheitern zu vermeiden, muss jede Reinzucht auf breitester Grundlage betrieben werden.

Obwohl die Reinzucht allgemein als Selbstzweck betrachtet wird, ersehe ich in ihr das unumgängliche Mittel zu einer erfolgreichen Kreuzungszucht. Nur so lassen sich die wirtschaftlichen Vorteile einer Reinzucht voll ausschöpfen.

Kreuzungszucht

Wenn wir Umschau halten in anderen Gebieten der Tier- und Pflanzenzucht, so sehen wir alsbald, dass die leistungsfähigsten Individuen fast ausnahmslos aus Kreuzungen stammen, also Kreuzungsergebnisse darstellen. Tatsächlich wären die heutigen Produktionsergebnisse auf allen Gebieten der Landwirtschaft undenkbar ohne die Kreuzungszucht. Sie ist der Schlüssel, der uns die Tore zu höheren wirtschaftlichen Leistungen und Ergebnissen öffnet. Die Bienenhaltung kann gewiss nicht für immer die Vorteile dieser Zuchtweise verneinen, sie kann sich das womöglich weniger erlauben als irgendein anderer landwirtschaftlicher Produktionszweig.

Die Reinzucht wird in der Bienenhaltung immer eine entscheidende Stellung einnehmen. Es wird von ihr allerdings oft mehr erwartet, als Erfahrung und kühle Überlegung rechtfertigen. Sie versagt, muss notwendigerweise versagen, wo eine wesentliche Verbesserung der Leistung angestrebt wird. Die Kreuzungszucht kann uns dagegen in wenigen Schritten eine kräftige Leistungssteigerung verschaffen.

Ich beschäftige mich seit bald 50 Jahren mit der Reinzucht und ebenso lange mir der Kreuzungszucht. Wie die Erfahrung immer wieder zeigt, kann die reine Buckfast-Biene es mit jeder anderen Rasse leistungsmäßig aufnehmen. In unseren Vergleichsversuchen setzt sie den Standard, den Maßstab der Leistung, gegenüber dem alle Bewertungen erfolgen. Gleichzeitig bildet sie die Grundlage für die Kreuzungsversuche. Entsprechend gekreuzt, bewährt sie sich, wie zu erwarten, produktionsmäßig noch besser als in Reinzucht.

Die Kreuzungszucht ist ein Thema, das im deutschen Sprachgebiet weitgehend verpönt ist, aber sonst in der ganzen Welt keine Bedenken erregt. In der deutschen Literatur liest man immer wieder: „Erfolge sind mit Kreuzungen möglich, solange man sich auf Erstkreuzungen beschränkt; Nachzuchten muss man unter allen Umständen vermeiden." Ähnliche Warnungen, die wohl eine gewisse Berechtigung haben, wenn es sich um Zufallskreuzungen handelt, findet man in jeder Abhandlung über Kreuzungen. Die Überlegung sollte jedoch zeigen, dass diese Ansicht keine allgemeine Gültigkeit besitzt, läuft sie doch allen Überlegungen zuwider.

Die populäre Ansicht, bezüglich der Kreuzungszucht im Fall der Biene, stützt sich auf zwei irrige Annahmen. In Wirklichkeit bewähren sich nur ganz wenige Erstkreuzungen wirtschaftlich, wie ich in Hunderten von Versuchen, mit Hilfe von kontrollierten Kreuzungen, feststellen konnte. In der großen Mehrzahl der Kreuzungen kommt der wirtschaftliche Vorteil erst in der F2 und weiteren Nachzuchten zum Vorschein. Autoren, welche die obige Ansicht vertreten, übersehen die Tatsache, dass wir keine Vergleiche mit anderen Lebewesen anstellen können, dass die Biene eine Sonderstellung einnimmt. Das Verhalten der Honigbiene im Vergleich zu anderen Lebewesen ist leicht zu erklären, ja z. T. eine Selbstverständlichkeit. Wie bekannt ist, fördert die Heterosis nicht nur die guten Eigenschaften, sondern ebenso manche unerwünschte, in unserem Fall die Schwarmneigung. Ein elementarer Naturtrieb dieser Art dominiert über alle anderen Eigenschaften, mit dem praktischen Ergebnis, dass Erstkreuzungen oft ihre Kraft in unkontrollierbarer Schwärmerei vergeuden, zum Verdruss und Verlust des Imkers. Allerdings tritt diese extreme Schwarmneigung in der nächsten und in den weiteren Generationen zurück, und die Leistungseigenschaften kommen damit zur Entfaltung. Angenommen, eine entsprechende Auslese der Elterntiere fände in den nachfolgenden Generationen statt, so stellt sich kein Leistungsabfall ein; wenigstens nicht in dem Sinn, wie allgemein angenommen wird. Gewiss, es zeigen sich Schwankungen in den Leistungen, hin und wieder auch große. Aber die erzielten Gesamtergebnisse stehen beträchtlich höher als jene der Reinzuchten, aus denen die Kreuzung entstammte. Das ist wenigstens unsere Erfahrung. Wäre das nicht so, dann hätte die Kreuzungszucht im Fall der Biene keinen Sinn.

Selbstverständlich glückt auch nicht jede beliebige Kreuzung. Es passt nicht alles zu allem. Man kann nicht willkürlich vorgehen. Die Rassen und Stämme müssen sich gegenseitig harmonisch ergänzen, sie müssen zusammenpassen. Das ist auch so in der allgemeinen Tier- und Pflanzenzucht. Die Biene bildet hier keinen Sonderfall. Sie nimmt allerdings eine weitere Sonderstellung in einer anderen Hinsicht ein. Es ist nicht gleichgültig, welche Rasse als Vater oder Mutter Verwendung findet. Die Ergebnisse können sehr unterschiedlich ausfallen. Reziproke Kreuzungen stimmen selten überein. Entgegen anderen Lebewesen spielt hier, bei der Honigbiene, der weibliche Einfluss die dominante Rolle.

Ich betonte soeben, dass sich die Mehrzahl der Erstkreuzungen wegen ihrer extremen Schwarmneigung, verursacht durch die Heterosis, als unwirtschaftlich herausstellen. Für Gebrauchskreuzungen kommen nur jene in Betracht, die keine wesentlich gesteigerte Schwarmtendenz offenbaren. In diesen erhält der praktische Imker den vollen Vorteil der Heterosis in Verbindung mit den Eigenschaften der beiden Rassen.

Die folgenden Erstkreuzungen haben sich bei uns wirtschaftlich am besten bewährt: Buckfast x Carnica; Buckfast x Cecropia; Anatolica x Buckfast; Cecropia x Buckfast; Sahariensis x Buckfast. Eine höhere Schwarmtendenz als in den Ausgangsrassen kommt in diesen Kreuzungen wohl zum Vorschein, jedoch ohne nennenswerten Einfluss auf die Leistungsergebnisse.

Eine Carnica-Erstkreuzung, also Carnica-Königinnen begattet mit Drohnen anderer Rassen, offenbart immer eine extreme Schwarmneigung, und zwar in einem solchen Maß, dass sich eine F1 dieser Art bei uns nie bewährte. Eine Nigra-Erstkreuzung verhält sich genauso. Ein Beispiel: Im Sommer 1949 hatten wir 30 Völker mit Nigra-Königinnen, welche auf unserer Belegstelle mit Buckfast-Drohnen begattet wurden. Zwecks zuverlässiger Vergleichsergebnisse wurden diese auf alle Stände gleichmäßig verteilt. Der Durchschnittsertrag in diesem Jahr betrug 145 Pfund; jener der Nigra-

Erstkreuzungen 22 Pfund. Die unkontrollierbare Schwarmneigung war allein schuld an dem Unterschied in den Leistungsergebnissen. Entsprechend unseren Erwartungen ergaben die F2-Nachzuchten, rückgekreuzt mit Buckfast-Drohnen mit Standbegattung, überdurchschnittliche Leistungen.

Obwohl die oben erwähnten fünf Erstkreuzungen sich wirtschaftlich vollauf bewährten, so kommen eigentlich nur eine oder zwei davon für eine allgemeine Verwendung in Betracht. Jede hat Vor- und Nachteile, aber ohne Zweifel wird die Cecropia eine vielseitige Verwendung finden. Cecropia-Kreuzungen haben sich als sehr schwarmträge, fruchtbar und sanftmütig erwiesen und eignen sich besonders gut für Früh- sowie Spättrachtgegenden.

In den vorliegenden Beispielen kamen selektive Kreuzungen in Betracht, da nur solche klare, zuverlässige und richtungsweisende Resultate ergeben. Eine Annahme, dass sich nur Kreuzungen dieser Art wirtschaftlich bewähren, ist jedoch nicht berechtigt. Für Gebrauchskreuzungen genügt Standbegattung vollkommen. Der entscheidende Faktor, der den wirtschaftlichen Wert einer Kreuzung bestimmt, ist die Güte der Zuchtmutter. Der eigentliche Wert einer Reinzuchtkönigin kommt nur in der Kreuzungszucht zur vollen Geltung. Die Reinzucht als Selbstzweck wird sehr überschätzt. Sie kann den wirtschaftlichen Anforderungen, denen wir heute gegenüberstehen, nicht nachkommen.

Mehrfach-Kreuzungen, wie in den Vereinigten Staaten propagiert, haben keinen nennenswerten Vorteil gegenüber Rassen-Kreuzungen, wie wir sie verwenden. Die amerikanischen Kreuzungen bedingen überdies zu ihrer Erstellung ein sehr umständliches, aufwendiges Verfahren.

Unser Zuchtziel

Ich habe nun die wesentlichen Richtlinien hervorgehoben, die unseren Zuchtmethoden zugrunde liegen. Wie zu ersehen, betrachten wir unsere Reinzucht nicht als Selbstzweck, sondern als Mittel einer zuverlässigen Kreuzungszucht. In der Reinzucht versuchen wir, alle Eigenschaften, die auf die Leistung einen Einfluss haben, soweit wie möglich zu verbinden. Unser Zuchtziel fordert eine höchste Honigleistung pro Volk, verbunden mit geringstem Kosten-, Arbeits- und Zeitaufwand.

Das Zuchtziel, das wir uns gesetzt haben, erstreckt sich folglich nicht nur auf Eigenschaften, die speziell mit Leistung zu tun haben, sondern auch auf jene, die zur Verwirklichung der zweiten Forderung, nämlich der Verringerung von Kosten-, Arbeits- und Zeitaufwand, unerlässlich sind. Ohne festes Zuchtziel und ohne klare Erkenntnis der benötigten Eigenschaften und Möglichkeiten ist das Züchten wie ein steuerloses Schiff auf hoher See, das, dem Spiel von Wind und Wogen ausgesetzt, nie den Hafen erreichen kann. Ich halte folglich eine umfassende Erläuterung der Eigenschaften, die wir in unseren Zuchtbemühungen berücksichtigen, für angebracht.

Grundlagen der Leistung

1. Fruchtbarkeit

Eine entsprechende Fruchtbarkeit ist die unerlässliche Vorbedingung unseres Zuchtziels. Ohne eine angemessene Volksstärke ist ein Höchstertrag unmöglich. Große Fruchtbarkeit allein ist zwar nicht der entscheidende Faktor, aber sie ist dennoch die wesentliche Grundlage jeder Höchstleistung. Eine Königin, die von Ende Mai bis Ende Juli ihre Legetätigkeit nicht auf neun bis zehn Dadant-Waben ausdehnen kann, entspricht unseren Anforderungen nicht. Die angezeigte Brutausdehnung muss sich zugleich spontan, aus eigenem Antrieb und ohne Reizfütterung offenbaren und erhalten.

Ich weiß, es bestehen widersprüchliche Ansichten bezüglich dieser Eigenschaft in der Züchtung. Auch hier in England wurde einst der Standpunkt vertreten: Wir wollen nicht Bienen, sondern Honig. Wir wollen bestimmt keine Fleischvölker, aber nur Bienen erzeugen den Honig. Je zahlreicher ein Volk, desto größer die Wahrscheinlichkeit maximaler Ernteergebnisse, wenn auch die Fruchtbarkeit mit einer Reihe anderer unerlässlicher wirtschaftlicher Eigenschaften verbunden sein muss. Eine gute Eigenschaft bedingt meist eine ganze Serie von anderen guten Eigenschaften: eine Verkettung von Eigenschaften, wobei sich das einzelne Glied ohne die Mitwirkung aller nie voll entfalten kann.

2. *Fleiß oder Sammeltrieb*

Unter den unerlässlichen Eigenschaften sind in erster Linie unermüdlicher Fleiß und intensiver Sammeltrieb nötig. Fleiß ist der Hebel, der alle wirtschaftlichen Eigenschaften in reale Werte umsetzt. Fleiß ist ohne Zweifel eine erblich bedingte Eigenschaft, jedoch eine, die wieder von vielen anderen abhängig ist.

3. *Krankheitsfestigkeit*

Eine der vordringlichsten Aufgaben der Züchtung ist die Entwicklung von Bienenstämmen, die im weitesten Maß krankheitsfest sind, die also den Krankheiten widerstehen und deshalb jede Heilmittelbehandlung ersparen. Jegliche Heilmittelbehandlung hat den Nachteil, dass ihre Wirkung von vorübergehender Dauer ist. Mit anderen Worten: Sobald man zu Heilmitteln greift, bedingt deren Gebrauch ständige Anwendung. Wir haben uns im Kampf gegen Krankheiten nie auf Heilmittel verlassen. Die Züchtung auf Resistenz gegen Schwarzsucht, vor allem auch gegen die Milbenkrankheit, hat uns unschätzbare Dienste erwiesen. Im Fall der Nosema ist weniger eine direkte Resistenz erreichbar, als vielmehr eine Serie anderer Eigenschaften, welche zusammen die Lebenskraft der einzelnen Bienen und des Volkes allgemein zu jedem Zeitpunkt gewährleisten.

Eine Immunität kommt bei der Biene nur bei Paralyse und Sackbrut vor. Allerdings erfüllt eine Resistenz, die krankhafte Zustände nicht aufkommen lässt, somit eine Gefährdung der Leistungsfähigkeit der Völker ausschließt, vollauf die Bedingungen des Imkers.

4. Schwarmträgheit

Als nächste in der Reihe der unentbehrlichen Eigenschaften kommt die Schwarmträgheit. Vom Gesichtspunkt des Erwerbsimkers ist Schwarmträgheit absolut unerlässlich. Das Schwärmen verursacht nicht nur einen unwirtschaftlichen Arbeits- und Zeitaufwand, sondern vereitelt zugleich jede Möglichkeit einer Höchstleistung des Honigertrags. Schwärmen ist tatsächlich das größte Hindernis einer rentablen Imkerei, die nach neuzeitlichen Gesichtspunkten betrieben wird. Eine Rasse, die womöglich alle anderen wünschenswerten Eigenschaften besitzt, sich jedoch einer ungebändigten Schwarmsucht hingibt, hat keinen Platz in einem modernen Betrieb. Durch die Schwarmsucht werden alle guten Eigenschaften vergeudet. Wie ich schon gezeigt habe, lässt sich im Ausmerzen der Schwarmneigung auf dem Weg der Zucht sehr viel erreichen.

Fruchtbarkeit, Fleiß, Krankheitsfestigkeit und Schwarmträgheit sind, nach meinem Ermessen, die wesentlichen wirtschaftlichen Eigenschaften. Sie bilden die Basis unserer Zucht. Die weiteren Eigenschaften, die ich behandeln werde, gehören nicht zu den unerlässlichen, sind aber dennoch von größter Bedeutung zur Erreichung unseres Zuchtziels, denn jede dieser Eigenschaften untermauert und erhöht die Intensität der endgültigen Leistungsmöglichkeit.

Leistungseigenschaften von untergeordneter Bedeutung

1. Langlebigkeit

In der Serie von Eigenschaften, die einen steigernden Einfluss auf die Leistung ausüben, rangiert zuallererst die Langlebigkeit. Es gibt wohl kaum eine andere Eigenschaft, die größeren Erfolg in der Züchtung verspricht, als Langlebigkeit. Dass hier sehr erhebliche Unterschiede bestehen, kann nicht bestritten werden. Eine erhöhte Lebensdauer, wenn auch nur um wenige Tage, bedingt eine entsprechend größere Schar von Sammelbienen, die eine relativ weit höhere Leistung ermöglicht.

Allem Anschein nach beruht Langlebigkeit auf zwei Ursachen: 1. Sie ist erblich bedingt; 2. kann eine üppige Nahrungsversorgung während der Entwicklungszeit dazu beitragen. Gewisse Rassen, vor allem die Anatolica, Carnica und Mellifica, sind sehr langlebig, was sich auch in der Lebensspanne der Königin kundtut. Ultra-Fruchtbarkeit bedeutet Kurzlebigkeit. Extreme Langlebigkeit ist eher zu finden in den unterdurchschnittlich fruchtbaren Rassen, z. B. in den vorerwähnten.

2. Flugkraft

Eine besondere Flugkraft kann die Grenzen des Flugbereichs der Biene beachtlich erweitern, sie kann tatsächlich hin und wieder entscheiden, ob eine Nektarquelle erreichbar ist oder nicht. Ein Beispiel aus unserer Erfahrung: Bis 1916, als wir noch mit der englischen Biene imkerten, die der Mellifica-Rassengruppe angehörte und folglich mit einem außerordentlichen Flugvermögen ausgestattet war, ernteten wir beinahe jedes Jahr beachtliche Quantitäten Heidehonig auf unserem Bienenstand im Klostergarten. Die Grenze der Heide ist 3,6 km vom Bienenstand entfernt, wobei ein Höhenunterschied von annähernd 400 m zu überwinden ist. Trotz der großen Entfernung und des Höhenunterschieds sammelten die einheimischen Völker und Kreuzungen im Herbst 1915 durchschnittlich um 50 kg Heidehonig. Seither haben wir nur in vereinzelten Jahren, wenn das Wetter besonders günstig war, auf dem Heimstand Heidehonig geerntet.

3. Spürsinn

Zu einem hervorragenden Flugvermögen gehört ein entsprechender Spürsinn. Er ist die ergänzende Eigenschaft zu einem überdurchschnittlichen Flugvermögen. Ohne scharfen Spürsinn würde eine Biene bei der Suche nach Nektar kaum eine gewisse Grenze überschreiten. Allerdings, ein scharfer Spürsinn hat einen Nachteil: Er kann zur Räuberei führen. Die beiden Eigenschaften sind, soviel ich ersehen kann, kaum trennbar. Sie sind gegenseitig bedingt. Eine Biene mit ausgesprochenem Spürvermögen wird wohl kaum der Versuchung zum Räubern widerstehen können. Erfahrungsgemäß sind die besten Honigvölker immer die ersten bei jeder Räuberei.

4. Verteidigungssinn

Ein unentwegter Verteidigungssinn ist das zuverlässigste Mittel gegen eine Räuberei. Ein entschlossener, hoch entwickelter Wehrsinn ist eine unentbehrliche Eigenschaft, die am kräftigsten entwickelt ist bei den orientalischen Rassen. Der unerbittliche Kampf mit den vielen Bienenfeinden, von denen wir in den gemäßigten Zonen kaum etwas wissen, hat ohne Zweifel zur hohen Entwicklung des Wehrsinns beigetragen.

5. Wetter- und Winterfestigkeit

Mit Wetter- und Winterfestigkeit sind eine ganze Anzahl Eigenschaften verbunden. Eine Biene, die beim Pollen- oder Wassersammeln in sonnigem, aber kühlem Frühlingswetter leicht erstarrt, ist kälteempfindlich und nicht wetterfest. Resistenz gegen extreme Kälte ist weniger entscheidend; Winterfestigkeit bedeutet eher, auf minderwertigen, ungeeigneten Vorräten lange Perioden ohne Reinigungsflug zu überstehen. Diese Fähigkeit ist weitgehend bestimmt vom Verhalten des Volkes bei heftigen Temperaturschwankungen und allgemeinen Störungen. Die Mellifica und die Carnica sind in den klimatischen Verhältnissen Südwest-Englands sehr geneigt, bei jedem Temperaturanstieg auszufliegen. Dagegen bleibt unser Zuchtstamm unter denselben Umständen in vollkommener Ruhe. Unsere Völker verhalten sich von Anfang November bis Ende Februar, bis zum ersten allgemeinen Reinigungsflug, wie tot. Jede Flugbetätigung bei ungünstigen Wetterverhältnissen bedeutet – wie die Erfahrung bestätigt – einen nutzlosen Verschleiß von Energie und Bienenleben.

6. Frühjahrsentwicklung

Nächstwichtig ist die Frühjahrsentwicklung. Dass die Art der Entwicklung, ob früh oder spät, innerhalb gewisser Grenzen erblich bedingt ist, brauche ich nicht besonders hervorzuheben. Nach meinem Ermessen, und das ist bestimmt gültig für unsere Verhältnisse, muss die Entwicklung im Frühjahr ohne Reizfütterung erfolgen. Sie darf sich auch nicht einstellen, ehe die Wetterverhältnisse sich einigermaßen günstig erweisen. Einmal begonnen, muss die Entwicklung dann ohne Rücksicht auf Wetteränderungen vorwärtsgehen. Die anatolische Biene, auch wenn sie gekreuzt ist, verhält sich in dieser Hinsicht absolut ideal.

Frühbrüter vergeuden ihre Lebenskraft durch Ausflüge bei ungünstigen Verhältnissen, verschwenden dabei ihre Energie in Anstrengungen, die zu keinem wirklichen Vorteil führen – ja, oft unliebsame Ergebnisse im Gefolge haben. Wie bekannt ist, sind Frühbrüter weit mehr der Nosema ausgesetzt als jene Völker, die später in Brut gehen. Die Spätbrüter überholen zudem meistens jene Frühbrüter in der Volksstärke, und zwar zum richtigen Zeitpunkt, weil sie ihre Lebenskraft nicht vorzeitig und unnütz verschwenden.

Der neuzeitliche Imker benötigt eine Biene, die keine Reizfütterung verlangt und deren Frühjahrsentwicklung spontan und aus eigenem Antrieb erfolgt. Auf diese Weise bleiben ihm auch alle Gefahren, Kosten und Arbeiten erspart, die mit einer künstlich geförderten Entwicklung verbunden sind. Die Erhaltung einer maximalen Volksstärke bis Ende des Sommers muss gleichfalls aus eigenem Antrieb erfolgen.

7. Sparsinn

Mit der jahreszeitlich bedingten Volksentwicklung muss auch die wichtige Eigenschaft des Sparsinns verknüpft sein. Hier bestehen große Extreme. Die Carnica auf der einen und die Ligustica auf der anderen Seite stellen die klassischen Beispiele dar. Die amerikanischen Züchtungen der Ligustica verhalten sich unglaublich verschwenderisch, die anatolische Biene dagegen wohl noch haushälterischer als die Carnica. Es besteht kein Zweifel: Sparsinn ist eine Eigenschaft, die in den heutigen Zuchtstämmen mangelhaft vertreten ist, zum großen Nachteil des Imkers in wirtschaftlicher und praktischer Hinsicht.

8. Selbstversorgung

Eng verbunden mit dem Sparsinn ist die Neigung zur Selbstversorgung, eine Eigenschaft, die sich eigentlich nur gegen Ende der Haupttracht offenbaren sollte. Ein Verhonigen des Brutraums zu anderen Zeiten wäre sehr nachteilig. Nach meiner Erfahrung offenbart sich diese Eigenschaft bei der Carnica in höchster Ausprägung und am wenigsten bei der Ligustica. Unseren Bedürfnissen entspricht eine

Mittelstellung zwischen den beiden Extremen am besten. Die Vorratsergebnisse nach Rückkehr von der Heide spielen in unseren Zuchtbewertungen immer eine wichtige Rolle.

9. Anordnung der Honigstapelung

Die Anordnung der Honigstapelung ist ein weiteres Glied in der Kette von Eigenschaften und steht in engster Beziehung zur Selbstversorgung. Wir stellen brutferne und brutnahe Stapelung fest, zwei entgegengesetzte Neigungen. Unsere Zuchtbestrebungen zielen auf eine zunächst brutferne Honigstapelung, verbunden mit einer brutnahen gegen Ende der Haupttracht. Eine brutferne Stapelung fördert den Bautrieb und den Sammeltrieb. Sie verhindert gleichzeitig ein Aufkommen des Schwarmtriebs. Ein uneingeschränktes Brutnest von Ende Mai bis Ende Juli ist eine unumgängliche Notwendigkeit, wenn eine Spättracht zu erwarten ist. Zur Zeit der Heidetracht bewirkt der Selbstversorgungstrieb eine entsprechende Aufspeicherung von Wintervorräten im Brutraum.

10. Bautrieb

Ein reger Baueifer ist eine sehr wertvolle Eigenschaft. Ein bauträges Volk neigt zu unersprießlichen Tätigkeiten. Dagegen fördert Baueifer den Arbeitsgeist. Es bestehen sehr wesentliche Unterschiede im Baueifer der verschiedenen Rassen und Stämme. Die baueifrigste Biene ist zweifellos die englische. Sie baut nicht nur mit bewundernswerter Schnelligkeit, sondern zugleich in einer Vollkommenheit, wie sie sonst kaum zu sehen ist. Es gelang uns, diese Eigenschaft unserem Stamm weitgehend zu erhalten.

11. Pollensammeltrieb

Pollen- und Honigsammeltrieb sind in ihrer Intensität nicht identisch. Die Ligustica ist offensichtlich kein Pollenhamsterer. Ein Überschuss von Pollen, sogar in pollenreichen Gegenden wie bei uns, wird in einem Italienervolk selten vorgefunden. Dagegen war die englische Biene eine ganz hervorragende Pollensammlerin, gleichfalls die französische, die sogar geneigt ist, Pollen durch das Absperrgitter zu tragen und in den Honigräumen zu speichern, was kaum bei einer anderen Rasse vorkommt. Dieser phänomenale Pollensammeltrieb der französischen Biene ist erblich bedingt. In Ländern oder Gegenden, die pollenarm sind, würde es sich lohnen, diese Eigenschaft zu fördern. Ebenso in jenen, wo Blütenbestäubung eine besondere wirtschaftliche Rolle spielt. Bei uns in Südwest-England ist ein ausgesprochener Pollensammeltrieb ein deutlicher Nachteil.

12. Rüssellänge

In Gegenden mit Rotkleeanbau ist die Rüssellänge von entscheidender Bedeutung. In Südwest-England gibt es keinen Rotklee. Allerdings werden in anderen Gegenden, insbesondere in Norfolk, zeitweise ganz beträchtliche Honigernten aus dieser Nektarquelle erzeugt. Da in England allgemein mit Italienerstämmen geimkert wird, kommt die Rüssellänge kaum je zur Erwähnung.

Außer beim Rotklee spielt meines Wissens die Rüssellänge für keinen anderen Nektarspender eine Rolle. Honig vom Rotklee ist von keiner überragenden Qualität, sehr hell und geschmacklos, dagegen vortrefflich als Wintervorrat.

Eine Eigenart gewisser Rassen muss hier erwähnt werden, die der Züchter beachten muss, wenigstens in Ländern, wo die Farbe des Honigs preisbestimmend ist: Es gibt Rassen, die geneigt sind, Nektar oder Säfte von minderer Güte unter denselben Trachtbedingungen zu sammeln, in denen Ligustica und Cypria Honig von feinster Qualität erzeugen. Honigtauhonige, auch Mischungen, finden in angelsächsischen Ländern keine Abnehmer.

Eigenschaften von betriebstechnischer Bedeutung

Ich komme nun zu den Eigenschaften, die keinen Einfluss auf Leistung und Ertragsergebnis ausüben, die aber dennoch unerlässlich sind zur Verwirklichung unseres Zuchtziels, dessen zweite Forderung sich auf betriebstechnische Erwägungen bezieht. Es handelt sich speziell um jene Eigenschaften, die das Arbeiten des Imkers erleichtern, jedoch auch solche von rein ästhetischer Bedeutung.

1. Sanftmut

Obwohl bezüglich der verschiedenen Eigenschaften oft entgegengesetzte Ansichten vertreten werden, besteht eine allgemeine Übereinstimmung in der Wertschätzung der Sanftmut. Stechlust erschwert die Arbeit überaus und verursacht einen unwirtschaftlichen Zeitaufwand, ganz abgesehen von der ständigen unangenehmen Belästigung der Nachbarn. Zum Glück ist Sanftmut eine erbliche Eigenschaft, die sich leicht herauszüchten lässt. Es bestehen keine Schwierigkeiten, aus einer Kreuzung mit wütendsten Stecherinnen in wenigen Generationen die sanftmütigsten Bienen zu erzüchten.

Wir wollen jedoch nicht bloß die Stechlust ausmerzen, sondern ebenso die Angriffslust, wie sie gewisse Rassen zeigen, zum Beispiel in Europa vornehmlich die Mellifica. Bekanntlich ist man immer und ohne jede Veranlassung in der Nähe eines Standes dieser Biene in Gefahr, gestochen zu werden. Das ist eine bezeichnende Eigenschaft dieser Rasse. In einigen Rassen, meist orientalischen, kommt noch eine hoch entwickelte Verfolgungslust dazu.

2. Ruhe und Wabenstetigkeit

Zwei weitere Eigenschaften, welche die Arbeit sehr erleichtern, sind ruhiges Verhalten und Wabenstetigkeit der Bienen. Das fahrige, flüchtige Wesen gewisser Rassen und Stämme bedeutet Zeitverlust in der Behandlung und erschwert zum Beispiel das Finden der

Königin überaus. Die Carnica ist wohl das klassische Beispiel der Sanftmut, Ruhe, Wabenstetigkeit und Friedlichkeit.

3. Verwendung von Kittharz

Der in der Mehrzahl der Rassen hoch entwickelte Trieb, im Stockinnern alles mit Kittharz zu verschmieren, ist eine der unangenehmsten, hässlichsten Eigenschaften der Biene. Diese in einer modernen Beute ganz unnötige Betätigung der Bienen erschwert die Arbeit des Imkers beträchtlich. Die Carnica, wenigstens etliche Stämme, verwenden Wachs anstatt Kittharz, was meines Erachtens eine rassetypische Eigenschaft der echten Carnica ist, der in der Zucht mehr Beachtung geschenkt werden sollte. In unserem Zuchtstamm ist der Trieb zur Kittharzproduktion weitgehend ausgemerzt.

4. Reinlichkeitssinn

Ein hoch entwickelter Reinlichkeitssinn erleichtert nicht nur die Arbeit des Imkers, sondern bietet noch andere wesentliche Vorteile. Die amerikanischen Versuche zur Verhinderung und Bekämpfung der Brutkrankheiten haben den klaren Beweis erbracht, dass die Resistenz gegen Faulbrut, wenigstens im Fall der bösartigen Form, weitgehend auf einem hoch entwickelten Reinlichkeitssinn beruht. Bei einer Biene, die halb vermoderte Wabenteile duldet, und es gibt solche, steht der Reinlichkeitssinn auf einer sehr niederen Stufe der Entwicklung. Resistenz gegen Wachsmotten wird zweifellos ebenfalls durch einen regen Putztrieb erreicht.

5. Wirrbau

Die Errichtung von Wachsbrücken zwischen den Wabengassen, Rähmchenhölzern und Deckbrettchen ist wohl die Eigenschaft, die sich auf die Arbeiten des Imkers am hinderlichsten auswirkt. Diese sehr nachteilige Eigenschaft kommt mehr oder weniger in allen Rassen zum Vorschein, am wenigsten in der Cypria, in extremster Ausprägung in der Caucasica. Ein typisches Kaukasiervolk kann man nach einer Trachtperiode kaum ohne Stemmeisen öffnen, und jede einzelne Wabe im Brutraum muss mit Gewalt freigemacht werden. Der Wirrbau erschwert nicht nur die Arbeit, sondern verursacht das Zerquetschen einer Unzahl von Bienen, hin und wieder der Königin, und gibt Anlass zu wüsten Stechereien. Im Naturzustand, zum Beispiel in einem hohlen Baum, hatte die Errichtung von Wirrbau vermutlich ihren Zweck. In einer modernen Bienenwohnung ist sie in jeder Hinsicht eine nachteilige Eigenschaft.

6. Hochdeckelung

In Ländern, in denen Scheibenhonig oder Sections begehrt sind, wie in England, ist die Art der Bedeckelung der Honigwaben von wirtschaftlicher Bedeutung. Es gibt eine Vielfalt von Mustern und Modellierungen der Honigverdeckelungen, die sich beinahe ins Unendliche erstrecken. Die englische Biene bot ein Beispiel der vollkommenen und kunstfertigen Ausführung, wie es von keiner anderen Rasse erreicht wird. Ihre Bedeckelung der Honigzellen war makellos weiß, hoch und gewölbt, der Umriss jeder einzelnen Zelle klar hervorgehoben. Eine gute Carnica verdeckelt wohl weiß, aber flach und ohne jede kunstvolle Modellierung. Die Erzüchtung einer bestimmten Bedeckelungsweise hat sich als Problem erwiesen. Wir haben wohl wesentliche Fortschritte erzielt, aber das Fixieren des Ideals ist uns noch nicht gelungen. Die Bedeckelung der Brut offenbart beinahe eine ähnliche Vielfalt, aber sie ist belanglos.

7. Orientierungssinn

Nun komme ich noch zu einer Eigenschaft, die unter gewissen Verhältnissen sehr notwendig ist, bei Einzelaufstellung der Beuten aber keinen nennenswerten Vorteil hat. Eine gute Anflugsicherheit ist eine notwendige Eigenschaft, wo mit Stapel-Bienenständen oder in Bienenhäusern geimkert wird. In beiden Fällen kann ein Verfliegen recht nachteilige Folgen haben. Bei der Gruppenaufstellung, die von uns verwendet wird, spielt das Verfliegen keine Rolle.

Ein schwacher Orientierungssinn macht sich jedoch noch auf eine andere Weise bemerkbar, nämlich im Verlust von Königinnen nach der Rückkehr vom Begattungsflug. Hier zeigt sich in den Verlusten, welche Rassen einen hoch entwickelten Orientierungssinn besitzen. Nach meinen Erfahrungen ist bei der Fasciata und der Cypria der Orientierungssinn am vollkommensten entwickelt, wohl eine Selbstverständlichkeit für jene, welche die Heimat dieser Rassen kennen. Die Aufstellungsweise der Bienenwohnungen, wie sie dort seit Urzeiten praktiziert wird – nämlich in Tonröhren, die zu Mauern geschichtet werden –, bedingt ein Höchstmaß an Anflugsicherheit.

Das sind die wesentlichsten Eigenschaften, die der Imker in der Zuchtauslese beachten muss. Darüber hinaus gibt es noch eine Unmenge erblich bedingter Eigenheiten, die nur wissenschaftlich oder bei Spezialzuchten wichtig sind.

Leistungsprüfung

Ich habe die Eigenschaften, die wir bei unserer Biene benötigen, ziemlich ausführlich besprochen, denn ohne klare, umfassende Kenntnisse in dieser Hinsicht kommen wir nie zum Ziel. Gewiss, Kenntnisse dieser Art kann der Kleinimker nur begrenzt anwenden. Allerdings sollte auch er eine entsprechende Vorstellung haben, worum es sich in der Zucht wirklich handelt. Das ist eine elementare Vorbedingung, ohne die eine Zucht nicht gut möglich ist. Anhand dieser Kenntnisse können wir uns mit der Leistungsprüfung beschäftigen.

In der Züchtung der Honigbiene kann kein positiver Erfolg von wirtschaftlicher Bedeutung erreicht werden ohne eine Leistungsprüfung, ohne vergleichende Versuche, ohne konkrete Anhaltspunkte. Eine exakte Leistungsbewertung in der Bienenzucht ist ein sehr kompliziertes Problem. Die Bewertung ist immer relativ, relativ zu dieser oder jener Rasse, Kreuzung, Stamm oder Linie; überdies relativ zu bestimmten Umwelt- und Trachtverhältnissen. Die Trachtverhältnisse schwanken stark von Jahr zu Jahr, von Gegend zu Gegend, oft auf wenige Meilen Entfernung. Bekanntlich muss der Imker, wenn er von Leistung und Ertrag redet, immer auf ein bestimmtes Jahr und auf die Ortsverhältnisse hinweisen.

Die bedeutendste Fehlerquelle in der Zuchtbewertung der Leistung liegt aber in anderer Richtung. Vergleiche innerhalb einer Zuchtlinie stellen den relativen Wert zwischen den Völkern dieser Linie gleicher Abstammung fest. Jedoch ohne weitere Vergleiche und weitere positive Anhaltspunkte ist der wirkliche Leistungswert nicht festzustellen. Nur mit Hilfe weitgehender Vergleiche, wenn möglich ausgeführt mit mehreren Stämmen ein und derselben Rasse in ein und denselben Umwelt- und Trachtbedingungen, erhalten wir die nötigen Anhaltspunkte, die uns erlauben, die Leistung richtig zu bewerten. Ohne beständiges Vergleichen und Nachprüfen der Resultate, ohne positive Anhaltspunkte, gewonnen auf breiter Basis, wird jede Leistungsprüfung leicht ein Trugspiel. Je mehr Vergleichsresultate sich gegenüberstehen und je mehr Vergleichswiederholungen vorgenommen werden, umso sicherer ist die Grundlage, umso zuverlässiger wird der Zuchterfolg ausfallen.

Wie schon einmal hervorgehoben, will unsere Betriebsweise möglichst alle Fehlerquellen ausschalten. Die Außenstände sind auf Gegenden mit verschiedenen Trachtverhältnissen verteilt. In einigen Gegenden ist der Boden leicht und sandig, in anderen von mittelmäßiger Beschaffenheit, in wieder anderen besteht er aus schwerem Lehm. In trockenen Jahren erhalten wir die reichlichsten Honigernten, reinen Weißkleehonig, in den Gegenden mit schwerstem Lehmboden. In Jahren mit viel Regen gibt es dort keinen Honig. In Gegenden mit Lehm ist die Durchwinterung wegen der hohen Feuchtigkeit immer ungünstig. Auf Sandböden ist es umgekehrt. Die Frühjahrsentwicklung hat auf jedem Stand ihre Eigenheit.

Gemäß den eben erwähnten Richtlinien züchten wir jedes Jahr von einer Anzahl Zuchtmütter und nicht, wie naheliegt, nur von der vermutlich besten. Die Jungköniginnen einer jeden Zuchtmutter werden, so weit wie möglich, in gleicher Anzahl auf jeden Stand verteilt. In dieser Weise lässt sich die erbtreueste und beste Leistungsnachkommenschaft mit unfehlbarer Gewissheit ermitteln.

Ein konkretes Beispiel: Im Jahr 1949 betrug unser Durchschnittsertrag 145 Pfund je Volk. Dagegen erzielten 22 Völker, alle mit Königinnen derselben Zuchtmutter – einer von den sechs Zuchtmüttern des vorhergehenden Jahres –, einen Volksdurchschnitt von 185 Pfund, also 40 Pfund im Durchschnitt mehr als der gesamte Bestand von 320 Völkern. Ein Zufall kam hier nicht in Frage, denn diese 22 Völker waren auf alle Stände in gleicher Anzahl verteilt. Noch einen krassen Unterschied, jedoch in entgegengesetzter Richtung, ergab im gleichen Jahr, unter denselben Umständen und Trachtverhältnissen, die Prüfung der 30 Völker mit Nigra-Kreuzungen. Wie erwähnt, erreichten diese nur einen Durchschnittsertrag von 22 Pfund pro Volk.

Viele unwägbare Momente, gegen die wir machtlos sind und die sich einer Berechnung entziehen, spielen eine Rolle in der Leistung. Ein wirklicher Fortschritt in der Zucht ist nur dort möglich, wo die Leistungsbewertung auf breitester Grundlage durchgeführt wird. Ohne zuverlässige Vergleiche ist das Züchten der Honigbiene ein Risiko ersten Ranges.

Hinsichtlich der Leistungsprüfung muss ich noch einmal auf die Größe des Brutraumes und dessen Bedeutung in der Bewertung der Leistung eingehen. Ein Brutraum, der die Legetätigkeit einer Königin beschränkt, vereitelt die volle Entwicklung und folglich die maximale Leistungsmöglichkeit eines Volkes. Die eigentliche Volksstärke wird entsprechend der Beschränkung herabgesetzt und auf eine annähernd einheitliche Höhe gleichgeschaltet. Es kommen dennoch Schwankungen in der Leistung zum Vorschein, verursacht durch Unterschiede in Schwarmneigung, Langlebigkeit, Flugkraft und im Fleiß, aber in der entscheidenden Eigenschaft, die die Volksstärke bestimmt, hat eine schwerwiegende Gleichschaltung stattgefunden. Höchstleistungsergebnisse sind folglich ausgeschlossen und damit auch der reale Anhaltspunkt für eine Leistungsbewertung. Wo Höchstleistung dauernd unterbunden ist, wird die wahre Leistung unserem Bemühen immer entgehen. Eine Bewertung auf solch falscher Basis kann auf schlimmste Irrwege leiten.

Der Dadant-Brutraum hat uns, abgesehen von der Honigleistung, noch manche anderen wertvollen Aufschlüsse verschafft, besonders bei der Beurteilung des Versagens von Königinnen. Es ist einleuchtend, dass sich bei ihnen, die während ihres Entwicklungsstadiums in irgendeiner Weise einen Schaden erlitten, was sich stets in einer verminderten Fruchtbarkeit und oft auch in einer verkürzten Lebensdauer äußert, die Defekte schneller und offensichtlicher in einem großen Brutraum zeigen. Eine beeinträchtigte Fruchtbarkeit kann sich hier nicht verbergen. Solche Fehler würden sich in einem kleinen Brutraum, in dem die Legetätigkeit einer Königin sowieso beträchtlich beschränkt ist, wohl nie offenbaren. In Beuten mit zu kleinen Bruträumen werden manche Fehler des Züchters und manche Folgen falscher Zuchtverfahren übersehen.

Ein anderer Faktor, der eine Leistungsbewertung weitgehend unzuverlässig machen kann, ist das Verfliegen. Mit Einzelaufstellungen und entsprechenden Gegenmaßnahmen kann man das Verfliegen wirksam verhindern. Bei einer gestapelten Aufstellung der Beuten, ob im Freien oder im Bienenhaus, ist eine effektive Verhinderung praktisch unmöglich, somit auch eine exakte Leistungsbewertung.

Auslese der Zuchttiere

In den Leistungsergebnissen verfügen wir über das Material und die Unterlagen für die Auslese der Zuchttiere. Wie schon angedeutet, bemühen wir uns in den Zuchtbestrebungen – wie auch in der Betriebsweise – um eine Ausschaltung jeder Möglichkeit von Zufall und Missgeschick. Bei einer so wichtigen Maßnahme wie der endgültigen Auslese der Zuchttiere, ist doppelte und dreifache Vorsicht geboten.

Obwohl auf Höchstleistung größter Wert gelegt wird, ist sie dennoch nicht die allein entscheidende Überlegung bei der Auslese der Zuchttiere. Eine hervorragende Leistung kann beispielsweise mit Stechlust, nicht unbedingt einer unbändigen Stechlust, verbunden sein. Ein solches Volk oder dessen Königin kommen selbstverständlich für Zuchtzwecke nicht in Betracht, außer sie besitzen gleichzeitig andere hochgradig wertvolle Eigenschaften, die den einen Nachteil ausgleichen würden. Ein Aufstellen von allgemein gültigen Richtlinien, nach denen die Auslese erfolgen sollte, ist nicht möglich.

Die Entscheidung muss von Fall zu Fall getroffen werden. Eine genaue Kenntnis der Eigenheiten von Rasse und Stamm ist die unerlässliche Vorbedingung für eine zuverlässige Auslese. In dieser Angelegenheit wird viel Wert gelegt auf „Fingerspitzengefühl“, eine fragliche Fähigkeit, auf die ich mich nicht verlassen möchte. Wenn mich die Erfahrung etwas mit Sicherheit gelehrt hat, so ist es die

Tatsache, dass uns keine Möglichkeit zur Verfügung steht, mit deren Hilfe wir im Voraus den wirklichen Zuchtwert einer Königin bestimmen können.

Wir kennen weder Mittel noch Anzeichen, wodurch wir mit Gewissheit im Voraus feststellen können, welche von einer Anzahl Königinnen mit denselben Leistungsergebnissen und augenscheinlich gleichen Eigenschaften den besten Zuchtwert in sich bergen. Ein endgültiges Urteil kann nur eine Prüfung der Nachkommenschaft der Zuchttiere ergeben. Folglich züchten wir immer von einer Anzahl Schwesternköniginnen. Die Erfahrung hat den Beweis erbracht, dass unter diesen Zuchtmüttern eine ist, deren Nachkommen, sei es in der Leistung oder dieser oder jener erwünschten Eigenschaft, die anderen übertrifft. In den Vergleichsergebnissen von 1949 haben wir ein klassisches Beispiel.

Eine Auslese der Zuchttiere, die sich auf Erprobung von Zuchtserien der Geschwisternachkommen stützt, gibt die Gewähr, dass wir uns nicht auf Irrwegen in der Zucht befinden. Mit der Berufung auf die Vergleichsergebnisse ist die richtige Wahl der Zuchttiere gesichert. Versager sind trotz aller Vorsichtsmaßnahmen nicht vollständig auszuschließen, aber sie werden in den Kontrollvergleichen sofort entlarvt. Sie können uns auf keine falschen Pfade führen und keinen weiteren nachteiligen Einfluss auf die Zucht ausüben, was gut möglich wäre, würden wir uns nur auf ein „Fingerspitzengefühl“ verlassen und die Nachzucht auf nur eine anscheinend beste Zuchtmutter beschränken. Eine solche Gefahr liegt nahe, denn man will das Beste mit dem Besten vereinigen. Wer aber kann das beste Zuchttier ermitteln ohne Nachzuchtprüfung und ohne Vergleiche?

Um das Jahr 1918 erschien in England eine kleine Broschüre mit dem Titel „Let the bees tell you“ , „Lass die Bienen es dir sagen“, eine unscheinbare, aber äußerst praktische Abhandlung über die Bienenzucht. Der Verfasser wies auf die Notwendigkeit hin, dass man den Bienen nichts vorschreiben solle, da nur sie selbst in jeder Frage die richtige Antwort geben könnten.

Auf mein Thema bezogen, möchte ich anfügen: „Lasst die Nachzuchtprüfung und die Nachzuchtvergleiche entscheiden." Zweifellos ist das der sicherste Weg und das Geheimnis jedes nennenswerten züchterischen Erfolges. Ohne dauerndes Prüfen und ohne Vergleichswiederholungen auf breitester Grundlage ist die Auslese der Zuchttiere weitgehend ein Glücksspiel.

Dieselbe Wahrheit ist unvermindert auch für die Zuchttiere oder Zuchtvölker gültig, die die Drohnen zur Begattung der Königinnen liefern. Wir können nie mit Gewissheit im Voraus bestimmen, welches Volk die besseren, erbtreuesten Drohnen liefern wird. Eine Zuchtprüfung und Zuchtvergleiche der Vätervölker sind praktisch nicht ausführbar.

Die Bewertung der Vatervölker ist beschränkt auf die Ahnenreihe der mütterlichen Vorfahren. Der Leistungserbwert der Drohnen ergibt sich aus der Arbeitsbienenveranlagung ihrer ehemaligen Muttervölker. Die Erbveranlagung der Drohnen entspricht uneingeschränkt der ihrer Mutter und das mütterliche Erbgut den Leistungen und Eigenschaften ihrer Schwestern, der Arbeitsbienen des Muttervolkes, aus dem die Königin stammte.

Leistungen und Eigenschaften der im Vatervolk tätigen Arbeitsbienen, der Halbschwestern der Drohnen, kann man nur mit gewissen Einschränkungen bewerten. Sie werden jedoch von uns einbezogen bei der endgültigen Auslese der Vatervölker unter Berücksichtigung der Tatsache, dass das mütterliche Erbgut über das väterliche dominiert.

Aufzucht der Königinnen

Meines Erachtens sind hier etliche Bemerkungen über die Verwerflichkeit jeder Künstelei in der Weiselzucht angebracht. Es wurde schon auf die wertvollen Aufschlüsse hingewiesen, die wir in dieser Beziehung durch die Verwendung eines unbeschränkten Brutnestes erhalten haben.

Die Erfahrung im Lauf der Jahre hat unzweideutig bewiesen, dass jeder Eingriff, jede Unvorsichtigkeit während der Entwicklungsperiode vom Ei bis zur begatteten und vollreifen Königin deren künftige Leistung, Ausdauer und Langlebigkeit beeinträchtigt. Verursachte Defekte zeigen sich ganz offenkundig in einem plötzlichen Versagen oder einem vorzeitigen stillen Umweiseln. Weniger schwere Beschädigungen verursachen eine mehr oder weniger große Einschränkung der maximalen Legetätigkeit, was sich in einem entsprechenden Maß in der Leistung widerspiegelt.

Aber Beschädigungen dieser Art beeinträchtigen nicht nur die Legefähigkeit und Lebenskraft der Königin, sondern geben gleichzeitig Anlass zu mannigfachen leistungs- und betriebswidrigen Folgen. Die Ertragsverluste, die auf diese Weise meist in voller Unkenntnis der Ursachen verursacht werden, sind gewiss unermesslich und, wirtschaftlich gesehen, der wundeste Punkt der heutigen Imkerei.

Wie unsere Erfahrungen immer wieder bestätigen, ist eine Königin, die im Brutschrank schlüpfte, nie so lebensstark und wertvoll wie eine, die in normalen Verhältnissen frei inmitten eines Volkes ihre ersten Lebensstunden verbrachte. Der Unterschied ist vielleicht nicht sehr auffällig, aber ein Unterschied besteht in jedem Fall und ohne Ausnahme. Auch jede Königin, die längere Zeit in einem Käfig verbrachte, ist im Vergleich zu einer, die nie eingesperrt wurde, leistungsschwächer. Kurzum, jede Künstelei in der Aufzucht ist verwerflich und sollte von jedem Züchter, der Wert legt auf Leistung, Ausdauer und Langlebigkeit der Königinnen, sorgfältig vermieden werden.

Verwahrung und Pflege der Zuchtmütter

Zuchtköniginnen werden von uns immer in Kleinvölkern auf drei oder vier Dadant-Waben untergebracht. Zwei Gründe sprechen für diese Maßnahme: die Vermeidung einer vorzeitigen Erschöpfung dieser wertvollen Zuchttiere und die Erhaltung von Zuchtstoff mit höchster Lebenskraft.

In jedem Zuchtunternehmen wird auf den Zustand der Zuchttiere größter Wert gelegt, in unserem Fall auf die Zuchtmutter, die den Zuchtstoff liefert. Eine Zuchtkönigin muss sich selbstverständlich in optimalem Zustand befinden. Wie die Erfahrung zeigte, ist dies nur mittels einer entsprechenden Beschränkung ihrer Legetätigkeit möglich. Der Zuchtstoff einer Königin, die sich in einem großen Volk befindet und dort mehrere tausend Eier täglich produziert, hat anscheinend nicht die Vitalität wie solche von Königinnen, deren Legetätigkeit auf ein paar hundert pro Tag beschränkt wird, was eigentlich sehr einleuchtend ist, aber nicht immer beachtet wird. Unsere Zuchtversuche haben das aber eindeutig bewiesen. Dasselbe gilt für eine Zuchtmutter, deren Volk Vorbereitungen zur stillen Umweiselung trifft, was eindeutig auf ein Nachlassen der Lebenskraft hinweist und sehr nachteilige Folgen auf weitere Nachzuchten hat. Entsprechend diesen Erfahrungen wird von uns sofort jede weitere Nachzucht eingestellt, sobald sich Anzeichen dieser Art bemerkbar machen. Eine weitere Nachzucht hat sich in solchen Fällen noch nie gelohnt, was auch auf das Ergebnis jeder stillen Umweiselung zutrifft.

Es wird vielfach angenommen, dass man die lebenstüchtigsten Königinnen nur direkt vom Ei erzüchten kann. Versuche, welche in den letzten Jahren zur Feststellung dieser Annahme durchgeführt wurden, erbrachten jedoch den Beweis, dass in praktischer Hinsicht keine nennenswerten Unterschiede bestehen zwischen Königinnen aus Eizuchten und solchen aus Maden im Alter von wenigen Stunden. Das Umlarv-Verfahren ist jedenfalls eine unumgängliche Notwendigkeit bei großen Zuchtserien, wie sie in unserem Fall in Betracht kommen. Wir haben dabei dem Alter der Maden eine entsprechende Bedeutung beigemessen und verwenden immer nur solche, die jünger als zwölf Stunden sind.

Wir legen größten Wert auf den Zustand der Ableger, in denen während der Zuchtsaison die Zuchtmütter untergebracht sind; sie dürfen nicht zu stark werden, aber auch nicht zu schwach sein. Sind sie überstark, wird Brut mit den anhaftenden Bienen weggenommen, bei guter Tracht hin und wieder auch ein Teil der Flugbienen. Wenn keine Tracht besteht und Zuchtstoff benötigt wird, muss einige Tage zuvor mit Héniglösung gereizt werden. Keine Mühe und keine Maßnahme werden versäumt, diese Ableger im günstigsten Zustand für die Zucht zu erhalten. Etwa vier Tage vor dem festgelegten Zeitpunkt für den Beginn der Zucht wird eine unbebrütete Wabe, die zuerst zur schnelleren Annahme und Bestiftung erwärmt wird, in das Volk mit der Zuchtmutter eingehängt. Danach wird alle zwölf Stunden Nachschau gehalten, um festzustellen, ob Eier vorhanden sind. Sobald die erwünschte Anzahl vorgefunden wird, werden die weiteren Vorbereitungen zum Umlarven drei Tage später eingeleitet. Das Volk mit den Zuchteiern sollte zu diesem Zeitpunkt nur wenig unbedeckelte Brut besitzen, so dass die Zuchtmaden vom ersten Moment ihrer Existenz an ein Übermaß von Futtersaft erhalten. Sie sollten im Futtersaft schwimmen.

Aufzuchtverfahren

Die Vitalität der Eier und der nachfolgenden Lebensstufen, die Art der Erbrütung und der Pflege während der Larvenzeit und der weiteren Entwicklung bis zum Erreichen der Vollreife bestimmen den wirtschaftlichen Wert einer jeden Königin. Ungünstige Einflüsse während dieser Periode können auch die Entwicklung erblicher Anlagen weitgehend hemmen, so dass manche Eigenschaften nicht oder nur in beschränktem Maße zum Vorschein kommen. Die große Mehrzahl der Beschädigungen, die eine Königin in der Aufzucht erleiden kann, ist leider nicht sichtbarer Natur, sondern äußert sich nur auf dem Umweg über eine vorzeitige Umweiselung, mangelnde Fruchtbarkeit und fehlende Lebenskraft, die in praktischer und wirtschaftlicher Hinsicht dem Imker unberechenbare Verluste verursachen. Ich meine, keine Maßnahme, über die wir in der Bienenhaltung verfügen, lohnt mehr als eine bestmögliche Aufzucht der Königinnen. Sie bildet den Mittelpunkt all unseres Bemühens.

Es gibt eine Unmenge von Verfahren zur Aufzucht von Königinnen. Wohl die Mehrzahl der Berufsweiselzüchter aller Länder der Welt verwendet heutzutage das von dem Amerikaner G. M. Doolittle im Jahr 1898 eingeführte Verfahren der Zucht im weiselrichtigen Volk. Es wurde auch früher von uns angewendet, jedoch seit Jahren nicht mehr. Es entspricht unseren Bedürfnissen, hauptsächlich in betriebstechnischer Hinsicht, nicht vollkommen. Wir züchten nur in großen Serien, zu einem vorbestimmten Zeitpunkt, und benötigen ein von Wetter und Tracht unabhängiges Verfahren, das möglichst jeden Zufall ausschließt und absolut zuverlässige Resultate verbürgt.

Die Zucht im weiselrichtigen Volk

Diese Zuchtweise beruht auf der Tatsache, dass die Bienen eines weiselrichtigen Volkes in Teilen der Beute, die der Königin versperrt sind, Weiselzellen aufführen, falls Zuchtstoff in geeignetem Alter vorhanden ist. Folglich kann jeder Honigraum oder Teil eines Brutraums, von dem die Königin mittels eines Absperrgitters zurückgehalten wird, zur Aufzucht von Weiselzellen verwendet werden. Magazin- oder Trogbeuten mit Oberbehandlung eignen sich am besten für die Zuchtweise. Diese Methode sollte sich allerdings auch im Bienenhaus mit Zweiraumbetrieb, gleich ob Hinter- oder Oberbehandlung, bewähren.

Zur Erzielung zuverlässiger Ergebnisse muss unbedingt Brut in dem der Königin unzugänglichen Teil der Beute vorhanden sein, und zwar mehrere Waben, die, sobald sie geschlüpft sind, durch neue zu ersetzen sind. Weiselzellen, die auf diesen Waben angesetzt werden, muss man alsbald zerstören. In trachtlosen Zeiten muss, wie im Fall aller anderen Zuchtverfahren auch, mit Foniglösung gefüttert werden. Der Zuchtstoff kann in Form von Bogenschnitt, Zellstreifen, Einzelzellen oder belarvten künstlichen Weiselnäpfen verabreicht werden, und zwar alle fünf Tage.

Der große Vorteil dieses Verfahrens ist, dass man jedes beliebige Volk für die Weiselzucht verwenden kann, ohne besondere Maßnahmen – außer den erwähnten – und ohne Verlust in den Erträgen. Man kann außerdem, solange es sich in entsprechendem Zustand befindet, dieses Volk zur Aufzucht weiterer Serien von Weiselzellen verwenden, die man in Abständen von je fünf Tagen folgen lässt. Bei längerer Verwendung kann jedoch, wenn mit schwarmsüchtigen Bienen gearbeitet wird, die Schwarmstimmung die Zuchtergebnisse beeinträchtigen.

Dieses Verfahren hat auch seine Nachteile. Trotz aller Anweisungen wird es einem ungeschulten Imker nicht immer gelingen, ein Volk in die richtige Zuchtstimmung zu versetzen. Wie bereits angedeutet, hat auch die Rasse einen Einfluss auf die Ergebnisse. Eine Gefahr besteht immer: Auch bei größter Sorgfalt kann eine Weiselzelle auf den Brutwaben hin und wieder übersehen werden, was die Vernichtung und den Verlust der vorhandenen Zuchtserie nach sich zieht. Bei guter Tracht besteht die weitere Gefahr, dass der Sammeltrieb überhandnimmt, was die Vernachlässigung oder sogar den Abbruch der Zucht zur Folge hat. Es besteht jedoch kein Zweifel: Mit Hilfe dieses Verfahrens kann man ohne großen Aufwand Königinnen von bester Qualität erzüchten. Die Tatsache, dass die Berufsweiselzüchter diese Methode allgemein anwenden, beweist, dass sie in wirtschaftlicher Hinsicht zufriedenstellt.

Unsere Aufzuchtmethode

Wie zuvor angedeutet, züchten wir nur in großen Serien und immer zu einem vorbestimmten Zeitpunkt, unabhängig von Wetter- und Trachtverhältnissen. Bei einem entscheidenden Vorhaben dieser Art, auf dem der wirtschaftliche Erfolg unseres Betriebes beruht, muss überdies jede Unsicherheit und jede Möglichkeit von Missgeschick und Zufall vermieden werden. Eine Unzahl von Versuchen ergab den klaren Beweis, dass das Aufzuchtverfahren, das ich nun schildere, unseren Bedürfnissen bestens entspricht.

Wie allgemein anerkannt ist, umschließt der Schwarmtrieb alle Vorbedingungen, die zu einer bestmöglichen Königinnenerneuerung führen. Zur Schwarmzeit herrschen auch günstigste Umweltverhältnisse. Das Schwarmfieber ist tatsächlich ein naturbedingter Ausdruck optimaler Einflüsse. Wir können uns allerdings nicht auf die von der Natur vorgeschriebene Schwarmzeit und auf den Schwarmtrieb verlassen. Wir können aber den Schwarmtrieb und die optimalen Verhältnisse nach Wunsch zu jedem vorgesehenen Zeitpunkt hervorrufen. Das Verfahren, das diesen Forderungen nachkommt, das wir jetzt ausschließlich verwenden, erfordert folgende Maßnahmen: Irgendein Volk auf zwölf Dadant-Waben erhält einen zweiten Brutkasten mit zehn Waben verdeckelter Brut und anhaftenden Bienen sowie einer Honigwabe auf beiden Seiten, direkt an den Außenwänden. Das zukünftige Pflegevolk hat nun etwa 20 Waben Brut. Sollte keine Tracht herrschen, muss gefüttert werden. Zehn Tage später werden alle Weiselzellen im oberen Brutraum zerstört. Im unteren Brutraum, wo sich die Königin befindet, sind nun Schwarmvorbereitungen in vollem Gang. In weiteren drei Tagen hat das Riesenvolk den idealen Zustand zur Pflege und Aufzucht der Weisel erreicht.

Am Tag des Zuchtbeginns, etwa um zehn Uhr vormittags, wird der obere Brutkasten an den Platz des unteren gestellt. Danach wird die Königin ausgesucht, und die Bienen von sechs bis acht Waben, vornehmlich von jenen mit unbedeckelter Brut, werden dem Pflegevolk zugefegt.

Nach dieser Operation besitzt das Pflegevolk einen Großteil der Flugbienen sowie ein Übermaß von Ammen. Es befindet sich überdies in Schwarmstimmung. Durch die weitere Wegnahme der Königin und der unbedeckelten Brut wird das Pflegevolk in die bestmögliche Stimmung zur sofortigen Annahme des Zuchtstoffes versetzt. Der Futtersaft, den die Ammen in Vorrat haben, wird ohne nennenswerte Unterbrechung an den Zuchtstoff verabreicht, der dem Pflegevolk etwa zwei Stunden nach Wegnahme der Königin zugesetzt wird. Hier besteht keine Gefahr, dass die winzigen Maden in den Weiselnäpfen in den ersten Stunden vernachlässigt werden, was bei anderen Verfahren oft vorkommt. Falls keine Tracht herrscht, wird dauernd Honiglösung verabreicht, bis die Weiselzellen bedeckelt sind.

Der Kasten mit Königin, Brut und Bienen wird am vorteilhaftesten sofort auf einen Außenstand verbracht, was jedoch nicht unbedingt nötig ist. Sobald die Weiselzellen verschult sind, elf Tage nach dem Umlarven, kommt das Volk mit der Königin auf seinen alten Platz zurück. Der Großteil der Bienen des vormaligen Pflegevolkes wird zur Verstärkung von Standvölkern verwendet, welche aus irgendeinem Grund nicht voll auf der Höhe sind, oder auch zur Verstärkung der Vatervölker und Begattungsvölkchen. Im letzterwähnten Fall werden die Bienen, ehe sie auf die Belegstation gelangen, durch ein Absperrgitter getrieben, damit die Drohnen nicht mit zur Belegstelle kommen.

Anzahl der Weiselzellen je Pflegevolk

Ein streng praktisch gesinnter Züchter interessiert sich weniger für die Anzahl von Weiselzellen, die ein Pflegevolk aufziehen kann, als für die endgültige Güte der werdenden Königinnen, denn nichts muss in der modernen Bienenhaltung teurer bezahlt werden als eine minderwertige Weisel. Die Annahme des dargebotenen Zuchtstoffes wird von der Stärke, dem Zustand und auch weitgehend von der Abstammung und Rassezugehörigkeit des Pflegevolks bestimmt. Überdies sind Kreuzungen allgemein zuchtfreudiger als Reinzuchten. Die europäische dunkle Rasse und die Carnica nehmen relativ wenige Weiselzellen in Pflege, wenn sie in Schwarmstimmung sind oder die Königin verloren haben. Dagegen nehmen Völker von normaler Stärke, die der orientalischen Rassengruppe angehören, vor allem die armenische Unterform, 200 bis 300 Weiselzellen ohne Beeinträchtigung der endgültigen Güte der Zuchtergebnisse gleichzeitig in Pflege.

Allgemein gesehen besteht keine Beziehung zwischen der Größe der Weiselzellen und Königinnen hinsichtlich Lebenskraft und

Fruchtbarkeit. Wie bekannt, sind die Königinnen der Mellifica wohl die größten, doch, verglichen mit anderen Rassen, die am wenigsten fruchtbaren. Cypria-Königinnen sind dagegen klein, aber dennoch extrem fruchtbar. Eine Carnica-Königin in der Größe einer Cypria muss allerdings mit Recht als minderwertig betrachtet werden.

Alle unsere Zuchtmaßnahmen stützen sich auf eine bestimmte Mindestannahme. Mit dem ersten Verfahren, der Zucht im weiselrichtigen Volk, einem Volk, das zwei Bruträume von je zehn Waben im englischen Vereinsmaß voll bedeckt, wird von 15 dargebotenen Weiselnäpfen eine Mindestzahl von zehn und eine durchschnittliche Annahme von zwölf Weiselzellen erwartet. Mit dem zweiten Verfahren, dem weisellosen Pflegevolk in Schwarmstimmung, fordert man bei 60 Weiselnäpfen eine Mindestannahme von 45 und eine durchschnittliche Annahme von 55 Weiselzellen. Entsprechend den tatsächlichen Ergebnissen steht uns immer eine Überzahl von Weiselzellen zur Verfügung, jedoch ohne eine Überbeanspruchung der Pflegevölker. Mit dem Verfahren im weiselrichtigen Volk kann man ohne Bedenken alle fünf Tage eine weitere Serie aufziehen lassen, mit dem anderen nur eine einzige Serie.

In Verbindung mit diesem Thema muss ich noch auf eine wichtige Maßnahme zurückkommen, nämlich auf die Verfütterung von Honig. Ohne Zweifel ist die Fütterung von Honig hier angebracht, trotz der wesentlich höheren Kosten. Allerdings muss verhütet werden, dass die Honiglösung in Gärung übergeht, was sehr nachteilige Folgen auf die Zuchtergebnisse hätte. Der Honig darf mit nicht mehr als einem Drittel Wasser verdünnt und nicht in zu großen Mengen auf einmal verabreicht werden.

Belegstation

Unsere Belegstation liegt mitten in der Dartheide, 17 km von der Abtei entfernt und in 400 m Höhe in einem geschützten Tal. Durch ihre Lage am Hang eines Hügels ist diese von Tannen umgebene Talmulde gegen den vorherrschenden Südwestwind gut geschützt. Sie ist vortrefflich isoliert; es gibt keine Bienenstände innerhalb einer Entfernung von 10 km. Überdies hat die Dartheide für uns den weiteren Vorteil, dass sie beinahe baumlos und unbewohnt sowie so rau und öde ist, dass kein Schwarm in dieser Wildnis dem schnellen Tod entrinnen kann.

Begattungskästen

Die Art der Begattungskästen ist ein sehr wichtiger Faktor, nicht bloß hinsichtlich der angewandten Betriebsmaßnahmen, sondern auch im Hinblick auf die endgültige Güte der Königinnen. Form und Größe der Kästen erleichtern oder erschweren den Betrieb, beeinflussen aber auch weitgehend die Qualität der Weisel.

20 Jahre lang stellte ich zahlreiche Versuche an, um für unsere Zwecke den geeignetsten Typ zu finden, der zugleich den besonderen klimatischen Verhältnissen entsprach. Beinahe alle Formen und Größen wurden erprobt, von den kleinsten amerikanischen Sections bis zu Kästen mit Vollwaben im englischen Vereinsmaß, auch einzelne und mehrere Völkchen in einem Kasten. Zwölf Jahre lang verwendeten wir mit gutem Erfolg Halbrahmen im englischen Vereinsmaß, mit vier Völkchen auf je drei Halbrahmen nebeneinander in einem Kasten. Diese erwiesen sich als sehr vorteilhaft im Sommer, aber als zu klein für die Überwinterung. Schließlich, nach weiteren Versuchen, zeigten sich Dadant-Halbrahmen als die beste Wabengröße, mit vier dieser Halbwaben je Begattungsvölkchen.

Die Zuchtkästen, die wir seit 1937 verwenden, sind so gebaut, dass sie 16 Dadant-Halbrahmen fassen können. Der Kasten ist zweigeteilt und jeder der beiden Räume ist durch herausnehmbare Scheidewände in zwei weitere Räume unterteilt. Folglich befinden sich in jedem Kasten vier Abteilungen, von denen jede vier Halbrahmen enthält. Die Wabenfläche dieser Dadant-Halbrahmen misst 19 x 25 cm. In einem normalen Sommer versorgen sich diese Zuchtvölkchen auf vier Halbrahmen selbst, Wintervorräte eingeschlossen. Sie sind klein genug, um den Trieb nach Drohnenbrut niederzuhalten, zugleich aber groß genug zur Vorprüfung und Überwinterung der jungen Königinnen.

Zur richtigen Pflege und Entwicklung von Königinnen mit maximaler Lebenskraft sind unzweifelhaft eine bestimmte Volksstärke und bestimmte Volksverhältnisse eine unerlässliche Vorbedingung. Einwabenkästchen, die auch in meine Versuche einbezogen wurden, erfüllen diese Bedingungen nicht. Eine Diät, größtenteils aus Zucker, während dieser empfindlichen Entwicklungszeit einer Königin kann kaum zum besten Erfolg führen, was sich auch in der kurzen Lebensdauer vieler Königinnen widerspiegelt. Der allgemein hohe Nosema-Befall der Einwabenkästchen ist hauptsächlich eine Folge der unnatürlichen Verhältnisse, in denen sich diese Kleinvölker befinden.

Wir vermeiden auch während der ganzen Entwicklungsperiode einer Königin grundsätzlich jeden Eingriff, der nicht unbedingt notwendig ist. Die Weiselzellen bleiben im Pflegevolk, bis sie ihre volle Reife erreichen. Am elften Tag nach dem Umlarven wird das Pflegevolk samt Weiselzellen auf die Belegstation transponiert. Unmittelbar nach der Ankunft werden dort die reifen Weiselzellen mit entsprechender Sorgfalt in die Begattungsvölkchen verschult. Eine Verwendung von Okulierkäfigen sowie ein Zeichnen der Königinnen sofort nach dem Schlüpfen kommt nicht in Frage.

Vatervölker

Seit dem Bestehen unserer Belegstation wurden immer gleichzeitig mehrere Vatervölker verwendet. Eine größere Sicherheit in der Auswahl der Drohnen und eine schnellere und zuverlässigere Begattung waren die wesentlichen Gründe, die uns dazu bewogen. Man hat im deutschen Sprachraum diese Vorzüge nun auch erkannt und dementsprechende Maßnahmen getroffen. Die Königinnen der jeweiligen Vatervölker sind selbstverständlich Schwestern, die auserlesensten Individuen unter den Töchtern der verwendeten Stamm-Zuchtmutter.

Jedes Vatervolk hat eine Dadant-Wabe mit zwei Dritteln Drohnenbau, den wir jährlich neu errichten lassen. Eine volle Wabe dieser Größe mit Drohnenbau würde zu große Pflegeansprüche an das Vatervolk stellen. Mit insgesamt sechs Vatervölkern beträgt die Drohnendichte während der Zuchtperiode, vom 20. Mai bis 20. Juli, annähernd 16 000 bis 24 000 begattungsfähige Drohnen gegenüber einer Höchstzahl von jeweils 520 Königinnen.

Eine Betreuung der Vatervölker, die sie ständig in bester Stimmung und Zuchtfähigkeit erhält, bedingt größte Sorgfalt. Wie die Erfahrung lehrt, neigt ein guter Zuchtstamm dazu, bei andauernd ungünstigem Wetter die Drohnen zu verjagen. Als Gegenmaßnahme wird bei jeder Trachtpause ständig mit Honiglösung gefüttert. Zugleich werden die Vatervölker öfter durch Zugeben von jungen Bienen aus den Weiselzuchtvölkern verstärkt.

Zusätzliche Hinweise

Unsere spezielle Betriebsweise mit Verwendung eines unbeschränkten Brutraumes würde, ohne Königinnen höchster Güte und Lebenskraft, ihre wirtschaftlichen Vorteile weitgehend verlieren. Abgesehen von den jeweiligen Tracht-, Klima- und Umweltbedingungen sind die Leistungsmöglichkeiten eines Volkes von der Vitalität und Fruchtbarkeit der Königin abhängig. Sie bestimmt die jeweilige Stärke und Lebenskraft ihres Volkes. Die meisten Freizeitimker begnügen sich mit bescheidenen Ernteergebnissen. Die Berufsimker dagegen müssen sich bemühen, allzeit maximale Erträge mit minimalem Zeit- und Arbeitsaufwand je Volk zu erzielen. Jeder erfahrene Imker weiß, dass die produktivsten Völker stets am wenigsten Zeit und Arbeit brauchen.

Zugegeben, Königinnen zweiter oder dritter Qualität können in kleinen Beuten zufriedenstellende Ergebnisse bringen. Sie werden jedoch nie Ergebnisse aufweisen wie solche Königinnen, bei denen die Vorbedingungen zu Höchstleistungen vorhanden sind. Unsere Vergleichsversuche zwischen 1924 und 1930 zeigten dies eindeutig. Wo auch immer eine volle Entfaltung maximaler Fruchtbarkeit verhindert wird, fehlt die maximale Leistung, der eigentliche Prüfstein einer positiven Auslese und somit die Voraussetzung zu einem Fortschritt in der Züchtung der Honigbiene.

Während der gesamten Entwicklungsperiode einer Königin, vom Ei bis zur Vollreife etwa vier Wochen nach der Begattung, ist sie vielen Gefahren ausgesetzt. Jegliche Beeinträchtigung bedeutet einen unwiderruflichen Güteverlust, und wo er zu groß ist, erfolgt alsbald eine stille Umweiselung, die ihrerseits mit betriebstechnischen Nachteilen verbunden ist.

Unerklärlicherweise werden in der Bienenhaltung allgemein gültige Prinzipien, die in allen anderen Gebieten der Tierzucht als selbstverständlich gelten, nicht beachtet. In der Nutztierzüchtung z. B. würde niemand Individuen für Zuchtzwecke verwenden, wenn sich mangelnde Lebenskraft oder ein anderer Defekt zeigt. Dagegen aber findet man unter Imkern immer wieder die Meinung, Nachschaffungsköniginnen seien die besten.

Doch erbrachten positive Vergleichsversuche, die über viele Jahre hinweg auf breitmöglichster Basis durchgeführt wurden, den eindeutigen Beweis, dass dies nicht zutrifft. In unserem Betrieb werden solche Königinnen bei der allgemeinen Umweiselung stets ersetzt. Sie werden an den ungestutzten Flügeln erkannt. Ein Irrtum ist so nicht möglich.

Die Fruchtbarkeit ist weitgehend rassebedingt. Sie ist jedoch eine Eigenschaft, die, wie schon hervorgehoben, sehr vielen nachteiligen Einflüssen ausgesetzt ist und von ihnen entscheidend beeinflusst werden kann. Es wäre jedoch auch falsch, anzunehmen, dass die robustesten Königinnen die fruchtbarsten seien. Königinnen der Zypria, Syriaca und Sahariensis sind klein, aber, wenn richtig gekreuzt, sehr fruchtbar. Abgesehen von den eben genannten Kreuzungen ist eine extreme Fruchtbarkeit meistens mit einer Serie von nachteiligen Eigenschaften verbunden. So sind, beispielsweise, nach unserem Ermessen die extrem hellen Hochzuchten der Ligustica kurzlebig sowie milbenanfällig.

Entsprechend unserer Befunde erbringen Königinnen mit einer maximalen Legefähigkeit von annähernd 3000 Eiern pro Tag zum Zeitpunkt des stärksten Entwicklungsstadiums eines Volkes die wirtschaftlich günstigsten Resultate. Andererseits kann aber bei einer Eiquote dieser Größenordnung die Lebenskraft eines einzelnen Nachkommens nicht so stark sein wie jene eines Individuums, welches von einer Zuchtmutter stammt, die auf eine Höchstzahl von 300 beschränkt ist. Unsere Befunde bestätigten dies vollauf. Wir erhielten noch nie vollwertige Nachzuchten von Zuchtstoff, der zur Vorprüfung von einem großen Standvolk entnommen wurde. Folglich verwenden wir normalerweise nur Zuchtstoff von Zuchtmüttern, deren Legetätigkeit auf weniger als vier Dadant-Waben beschränkt ist. Um jegliche Überforderung der Zuchtmütter zu vermeiden, werden diese Ableger während der Zuchtsaison geschröpft: Waben mit Brut und Bienen werden auf einen Außenstand weggebracht.

Wie allgemein in der Natur, so zeigt sich auch bei Völkern mit Königinnen, die über drei Jahre alt sind, meistens ein fortschreitender Schwund der Lebenskraft. Unvermeidlich wirkt sich das auf die Leistung sowie auf Krankheitsanfälligkeit aus. Die stille Umweiselung ist ein positiver Anhaltspunkt für ein solches Versagen der Stockmutter. Es gibt jedoch hin und wieder Zuchtmütter, welche sich in ihrem hohen Alter noch bewähren. Die Verwendung von drei Jahre alten und älteren Zuchtmüttern ist allerdings meistens mit großen Unsicherheiten verbunden. Wir geben seit vielen Jahren einer jungen, geprüften Zuchtmutter stets den Vorzug.

Das Alter der umzularvenden Maden hat einen großen Einfluss auf die Güte der Jungköniginnen. Wir verwenden so weit als möglich nur Maden, die weniger als zwölf Stunden alt sind. Die Annahmerate so junger Maden ist gewöhnlich nicht so hoch wie die der älteren. Die endgültige Leistungsfähigkeit der Jungweisel aber bildet stets das Kriterium für jegliche Maßnahmen. Die Zahl der Weiselzellen, die ein Pflegevolk anziehen kann, wird von der jeweilig vorhandenen Masse der Ammen sowie der Rassenzugehörigkeit und dem Zustand des Volkes bestimmt. Es kommt hier eine Serie von Faktoren in Betracht, die wir nicht in Zahlen fassen können. Jeder gewissenhafte Züchter bemüht sich, in Anbetracht der Anzahl der Weiselzellen, die er braucht, alle diese erwähnten Bedingungen zu erfüllen. Die Versuchung, jede Weiselzelle als akzeptabel zu betrachten, ist groß, führt jedoch meistens zu Enttäuschungen.

Wir haben so weit für die Entwicklungsperiode einer Königin die Bedingungen und Verhältnisse innerhalb der Weiselzelle erwogen, welche die Güte der Jungköniginnen beeinflussen. In der Zeitspanne nach dem Schlüpfen, bis sie ihre volle Entfaltung erreichen, sind Jungköniginnen einer weiteren Serie von Gefahren ausgesetzt, die allerdings nur durch Eingriffe des Imkers hervorgerufen werden. Die Verwendung von Minibegattungskästchen ist ein klassischer Fall. In bestimmten Gebieten beispielsweise, wo es ohne Transport zu weit entfernten Belegstellen nicht geht, ist deren Verwendung unvermeidlich. Hier müssen die nachteiligen Auswirkungen auf die Vitalität der Jungköniginnen in Kauf genommen werden. Der wesentliche Zweck solcher Reinzuchtköniginnen ist damit nicht in Frage gestellt.

Es ist jedoch selbstverständlich, dass aus Jungweiseln, die während ihrer Entwicklungszeit, der empfindlichsten Zeitspanne, auf Zucker sowie auf eine minimale Anzahl von Pflegebienen angewiesen waren, keine vollwertigen Königinnen werden. Großvergleiche bestätigten dies eindeutig. Man kann mit Königinnen nicht nach Belieben umgehen.

Eine Käfighaft ist hin und wieder unvermeidlich, abhängig von deren Dauer aber wieder mit Gefahren verbunden. Wie die Erfahrung zeigt, sind Königinnen nach ihrer vollen Entwicklung weit weniger empfindlich als solche, die gerade die ersten Eier legen. Eine Käfighaft von mehreren Tagen kann allerdings auch eine ältere Königin kaum ohne Schaden überstehen.

Heutzutage legt man allzu großen Wert auf Dinge, welche in Wirklichkeit von keiner wirtschaftlichen Bedeutung sind. Eine idealistische Zielsetzung, die eine hohe Einheitlichkeit in äußeren und physiologischen Eigenschaften anstrebt – und das ist nur mit enger Inzucht zu erreichen –, bringt ohne Zweifel tiefgreifende Nachteile mit sich. Das wirkt sich nicht nur auf die Lebenskraft der Königin, sondern auch auf ihre ganze Nachkommenschaft und damit auf die Lebenskraft des ganzen Volkes aus.

Diese zusätzlichen Hinweise werden manchem Imker als „Ratschläge zur Vollkommenheit“ vorkommen. In Wirklichkeit handelt es sich um grundlegende Vorsichtsmaßnahmen, welche weder besonderen Zeitaufwand noch extra Auslagen erfordern. Sie sind deshalb unerlässlich zur Erreichung maximaler Leistungsergebnisse unter minimalem Zeit-, Kosten- und Arbeitsaufwand.

Schlussbemerkungen

Betriebsweise, Biene, Beute und Zucht sind die Mittel, auf die sich der moderne Imker in jedem Land und Klima beim Betrieb einer erfolgreichen Imkerei stützen muss. Diese Mittel stehen ihm uneingeschränkt zu Gebote. Dagegen ist er überall, ohne Ausnahme, den Launen von Wetter und Tracht preisgegeben. So ergibt sich aus der zweckdienlichen Anwendung der erwähnten Mittel das Ausmaß von Erfolg und Rentabilität einer jeden Bienenhaltung.

Wie öfter hervorgehoben wurde, beruht unser wirtschaftlicher Erfolg auf keinen komplizierten Mitteln und Maßnahmen. Im Gegenteil: Die Betriebsweise ist im wesentlichen auf eine vernünftige, fürsorgliche Pflege beschränkt. Sie zielt bei der Biene in erster Linie auf Leistung; bei der Beute auf einfachste Konstruktion; in der Zucht auf Vermeidung jeder Künstelei. Wir legen großen Wert auf eine Vermeidung von Zufall und Missgeschick.

In der deutschen Bienenliteratur wird oft die Bezeichnung „rationell" verwendet. Leider werden darunter meistens komplizierte Mittel oder Verfahren verstanden, die vom wirtschaftlichen Gesichtspunkt her dem eigentlichen Sinn dieses Wortes nicht nachkommen. Die heutige Lage verlangt eine realistischere Deutung des Begriffs „rationell". Sollten sich diesbezüglich einige Hinweise aus unserem Betrieb als richtungsweisend bewähren, dann waren meine Bemühungen nicht umsonst.

Zuletzt noch eine Bemerkung: Obwohl in diesen Ausführungen immer von wirtschaftlichen Erwägungen die Rede war, was womöglich einige Leser befremdete, wird der Idealismus, das Schöne in der Bienenhaltung, in unserer Imkerei vollauf gewürdigt, und das nicht nur in herkömmlicher Weise. Das wahre Schöne und Fesselnde in der Bienenhaltung und im Umgang mit Bienen besteht nicht in einem unnötigen Aufwand von Geld, Zeit und Arbeit, sondern in einem richtigen Verständnis der Bedürfnisse unserer Pfleglinge und in einer diesen Kenntnissen entsprechenden Anwendung der einfachsten und zweckdienlichsten Mittel und Maßnahmen, die zugleich die Grundbedürfnisse darstellen, auf denen die Wirtschaftlichkeit einer Bienenhaltung beruht. Wahrer Idealismus und wirtschaftlicher Erfolg ergänzen sich gegenseitig.

Die Bereitung von Met

Allgemeines

Met war einst mehr geschätzt als Traubenwein. Zu den Gästen im Hause, zum guten Essen und Umtrunk in der warmen Stube im Winter, beim Licht der Wachskerzen und beim flackernden Feuer des offenen Kamins gehörte Met. Wie im Weinland die Weintreber den Haustrunk lieferten, so verwendeten die Imker die Rückstände vom Honigpressen zur Bereitung von Met und Honigwein. Nichts wurde vergeudet, nichts ging verloren, weder ein Tropfen Honig noch ein Krümchen Wachs.

Auch wir in der Buckfast-Abtei bereiten Met und Honigwein, seit wir Bienen halten. Wir erkannten dabei, dass die Bereitungsanweisungen genau eingehalten werden müssen, wenn man Erfolg haben will.

Bevor wir aber auf unsere Erfahrungen eingehen, sei vorausgeschickt, dass wir vier bestimmte Arten von Honiggetränken herstellen, nämlich den gewöhnlichen Tafelwein, ähnlich einem leichten Sherry, dann einen Dessertwein, voller und süßer als der genannte, ferner einen gewürzten Wein von besonderem Charakter und schließlich einen spritzigen Wein, ähnlich einem leicht süßen Champagner. Jede Sorte hat ihre eigenen Liebhaber. Die Hauptbestandteile sind stets Honig und Wasser.

Bedingungen für die Metbereitung

Ehe ich auf die Bereitung des „Mostes" sowie die Entkeimung, Gärung und Reifung des Mets eingehe, will ich, um besser verständlich zu sein, alle jene Bedingungen anführen, welche nach unseren Erfahrungen bei der Metbereitung von entscheidender Wichtigkeit sind.

1. Es ist sehr wesentlich, dass weiches Wasser verwendet wird, sauberes Regenwasser bzw. abgekochtes Wasser. Brunnen- oder Leitungswasser, selbst wenn weich, eignet sich nicht wegen der darin enthaltenen Fremdstoffe.

2. Die verwendete Honigsorte bestimmt den Geschmack und die „Blume" des Mets. Milde Honigsorten, wie etwa von der Himbeere, Akazie, Linde, Weißklee, sind die brauchbarsten. Streng aromatische Sorten, mit Ausnahme von Heidehonig, sollte man nicht für die Metbereitung verwenden; dies würde nur zu Enttäuschungen führen.

Es herrscht die Meinung, dass streng aromatische oder minderwertige Honigsorten, welche sich für andere Zwecke nicht eignen, gut genug seien für die Herstellung von Met. Dies ist eine sehr irrige Ansicht und die Ursache von vielen Fehlschlägen. Nur mit bestem und mildem Honig lässt sich ein Honigwein von feinster Qualität herstellen.

3. Der Charakter des Mets wird weiter wesentlich beeinflusst von der Hefe, die verwendet wird. Mit einer Reinkultur von Traubenwein-Hefe sind zweifellos die besten Ergebnisse zu erzielen. Es gibt eine ganze Anzahl solcher Reinkultur-Hefen, welche sich für die Metgärung eignen. Wir verwenden eine Maury-Weinhefe, doch geben auch Malaga- sowie Madeira-Weinhefe befriedigende Resultate. Bisher wurde Brau- oder Bäckerhefe allgemein für die Metbereitung empfohlen. Die erstere verleiht, wie zu erwarten, dem Met einen ausgesprochenen Biergeschmack, die letztere dagegen gibt ihm einen Beigeschmack, welcher dem betreffenden Ferment eigen ist.

4. Die Honig-Wasser-Lösung muss abgekocht werden; der Gärbehälter ist zu sterilisieren; jede nachherige Verunreinigung muss unbedingt vermieden werden. Dies ist von außerordentlicher Wichtigkeit.

5. Hinsichtlich der Beigabe von Chemikalien zur Förderung der Gärung, wie allgemein bisher empfohlen, ist die größte Vorsicht am Platz. Beigaben dieser Art fördern die Gärung, beeinträchtigen aber die Güte des Mets.

6. Die Temperatur muss während der Gärung weitgehend gleichmäßig sein; sie sollte weder zu hoch noch zu tief sein. Die günstigste Temperatur für die von mir empfohlenen Hefearten, nämlich Maury-, Malaga- sowie Madeira-Hefe, ist zwischen 18 °C und 24 °C.

7. Die Gärung soll während der Sommermonate bewerkstelligt werden, weil in dieser Zeit die Temperatur und die atmosphärischen Verhältnisse dafür am günstigsten sind. Das Ansetzen sollte zwischen Mitte Mai und Ende Juni erfolgen. Das bezieht sich auf alle nichtschäumenden Weine; bei Schaumwein soll die Gärung am besten Mitte September beginnen.

8. Um einen gehaltvollen Met zu gewinnen, welcher dem feinsten Traubenwein in Güte gleichkommt, muss er in gesunden Eichenfässern reifen, und zwar mehrere Jahre lang, bis er in Flaschen abgefüllt wird. Ein süßer Met gewinnt an Güte, je länger man die Lagerung in Holz ausdehnt.

Man soll sich darüber im Klaren sein, dass der Geschmack und die Blume sowie der Charakter eines Mets von dem Zusammenklang der Blütenduft-Essenz des Honigs und der verwendeten Hefe gebildet werden. Andererseits wird der Körper oder die Öligkeit des Mets und sein Alkoholgehalt vom Verhältnis der verwendeten Honigmenge zur Wassermenge bestimmt. Ein Met, bei welchem nur 1 kg Honig auf 5 Liter Wasser kommen, wird sich nicht auf lange Dauer halten. Dagegen sollte eine Konzentration von 2 ½ kg Honig auf 5 Liter Wasser nicht überschritten werden. Für einen Perl-Met, also Honig-Sekt, verwenden wir 1 ¼ kg Honig; für einen trockenen, nicht spritzigen Met 1 bis 1 ½ kg und für einen mittelsüßen bis zu einem vollen Dessertwein 1 ¾ bis 2 ½ kg Honig auf 5 Liter Wasser.

Wenn das Lösungsverhältnis nicht bekannt ist, was bei Verwendung von Abdecklungshonig der Fall sein kann, wird der Honiggehalt am besten mit einem Hydrometer oder einer Mostwaage bestimmt. Man kann auch das Gewicht des Honigs im Abdecklungswachs feststellen, wenn man dies zuerst wiegt, vor der Auflösung in einem bestimmten Quantum Wasser, und nachher das Gewicht des Wachses feststellt. Entsprechend dem Honiggewicht wird dem Most entweder mehr Honig oder Wasser zugegeben, bis das richtige Lösungsverhältnis erzielt wird.

Will man es jedoch genau machen, dann misst man das Lösungsverhältnis (in Wirklichkeit den Zuckergehalt) durch Ablesen des spezifischen Gewichtes. Dies ist der einzige genaue Weg, wie man den Zuckergehalt – auf den es wirklich ankommt – feststellen kann, da der Wassergehalt des Honigs zwischen 17 % und 25 % schwankt. Dazu kommt, dass z. B. Heidehonig noch eine beträchtliche und unterschiedliche Menge anderer Stoffe im Verhältnis zum Zuckergehalt enthält.

Man muss sich vergegenwärtigen, dass hier der wesentlichste Prozentsatz des Zuckers aus Frucht- und Traubenzucker besteht.

Bereitung des Honigmosts aus Heidehonig

Hier will ich nun unsere Methode der Vorbereitung und Herstellung von Honigmost aus Heidehonig schildern. Jeder Heidehonig-Erzeuger wird unvermeidlich über beträchtliche Mengen von Honigschaum oder Honig verfügen, weicher für den Verkauf nicht genügend geklärt werden konnte, obwohl dieser Honig in jeder anderen Beziehung von bester Qualität ist. In jedem Fall wird eine Heidehonig-Lösung gefiltert, um alle Bestandteile zu entfernen, welche dem Met einen unangenehmen Beigeschmack geben würden.

Aus diesem Grund wird die Koniglösung zum Aufkochen gebracht und dann nach dem Abkühlen gefiltert. Wir verwenden zu diesem Zweck ein Milchseihtuch. Die Filterfähigkeit von Heidehonig ist von Jahr zu Jahr verschieden. Wir haben es jedenfalls stets mit einem langwierigen Vorgang zu tun. Unsere Filtersäcke fassen 9 Liter, und diese Menge benötigt ungefähr 24 Stunden zum Durchlauf. Wenn im Anfang etwas Satz kommt, was beinahe immer der Fall ist, so muss dieser nochmals zurück in den Filtersack. Wenn richtig gefiltert wird, dann ist die Flüssigkeit kristallklar und von goldener Farbe. Nach der Filterung muss dieser Most erneut aufgekocht (sterilisiert) werden. Es empfiehlt sich, die Originallösung in einer konzentrierten Form herzustellen und vor dem zweiten Aufkochen auf die gewünschte Konzentration zu verdünnen. Honigmost so zubereitet, wird sich mit richtiger Pflege zu einem Met von vorzüglichster Güte entwickeln.

Die Metbereitung

Nun komme ich zur eigentlichen Metbereitung. Die Erlangung von einem geeigneten Behälter, welcher womöglich schon als Weinfass gedient hat, ist die erste Aufgabe. Nach einem gründlichen Auswaschen mit heißem Wasser, ohne Verwendung von irgendeinem Reinigungsmittel, können wir den Honigmost für den Met herrichten.

Ich wiederhole nochmals, nur sauberes Wasser, weich und rein wie Regenwasser, sowie Honig von bester Qualität sind eine unbedingte Notwendigkeit, wenn ein wirklich guter Met zustande kommen soll. Honig aus alten Brutwaben eignet sich nicht; dagegen ist Honig von Entdecklungswachs brauchbar. Man übergießt das Honig-Wachs-Gemisch mit warmem Wasser, lässt den Honig auflösen und quetscht die Wachsklumpen mit den Händen aus. Die Verwendung eines Hydrometers empfiehlt sich für alle Fälle, damit man die Zuckerkonzentration der Lösung genau feststellen kann. Für einen leichten Tischwein soll das Hydrometer auf 1,055 sp. g. und nach dem zweiten Abkochen auf 1,058 bei einer Temperatur von 18 °C zeigen.

Sobald Honig und Wasser gemischt sind, wird die Lösung aufgekocht, und zwar nur für 1–2 Minuten; auf keinen Fall darf dies länger dauern, etwa ½ Stunde lang, wie immer wieder angegeben wird. Ein längeres Kochen zerstört die Aromastoffe, auf denen der individuelle Charakter und die besondere Güte eines Mets beruhen. Das Aufkochen soll lediglich der Abtötung von unerwünschten Hefekeimen dienen, welche im Honigmost enthalten sind oder aus der Luft eindringen. Wenn diese Keime nicht abgetötet werden, dann bekommt man einen Met von zweifelhafter

Güte und die Beigabe einer Reinkultur-Traubenweinhefe würde sich als zwecklos erweisen.

Das Abkochen geschieht am besten in einem emaillierten oder verzinnten Gefäß oder in einem Behälter aus rostfreiem Stahl oder Aluminium; auch ein Gefäß aus Kupfer kann verwendet werden, wenn es makellos sauber ist. Auf keinen Fall darf der Honigmost in Berührung kommen mit Eisen, Messing oder galvanisiertem Metall.

Fast in jedem Metrezept wird die Beigabe von anorganischen Salzen, wie Weinstein- und Milchsäure, sowie Ammoniumphosphat u. a. empfohlen, damit die Gärung beschleunigt wird. Ohne Zweifel beschleunigen solche Treibmittel die Gärung, aber entsprechend unseren Erfahrungen bewirken sie eine beachtliche Qualitätsverminderung. Wir verwenden jedoch ohne Ausnahme 5 g geläuterten Weinstein auf 5 Liter Honigmost; und wenn wir einen sehr trockenen Met wünschen, überdies 1 g Zitronensäure-Kristalle auf einen Liter Honigmost. Im Fall einer Lösung mit sehr hohem Honiggehalt kann man ohne Bedenken 1 ½ g Zitronensäure je Liter verwenden.

Nach dem Abkochen muss der Honigmost ohne Verzug, noch siedend, in das Gärfass kommen. Auf diese Weise werden auch die darin noch vorhandenen unerwünschten Hefekeime abgetötet. Das Gärfass soll nicht vollgefüllt werden, sondern ein Raum von etwa 8 cm leer bleiben für die Zugabe der Hefekultur und für den bei der Gärung sich ausdehnenden Honigmost. Das Spundloch muss sofort mit einem festen Baumwollwatte-Pfropfen verschlossen werden, damit keine anderen Gärungspilze aus der Luft in das Fass gelangen.

Zusetzen der Hefe

Die Traubenwein-Reinhefekultur wird dem Honigmost zugesetzt, sobald dieser auf annähernd 27 °C abgekühlt ist. Die Hefe muss sich in einem aktiven Zustand befinden: Man muss sie also etliche Wochen zuvor in einer entsprechenden Menge Honiglösung kultivieren. Die Menge der Honiglösung, in der die Hefe kultiviert wird, muss im Verhältnis zur Quantität des Mostes 1 % betragen, denn sonst besteht die Möglichkeit, dass sich die Gärung nicht richtig entfaltet.

Sofort nach dem Zusetzen der Hefekultur muss das Spundloch mit einem Baumwollwatte-Pfropfen verschlossen werden, damit eine Ansteckung durch Fremdpilze verhindert wird. Ein Wattepfropfen lässt die Kohlensäure entweichen, welche bei der Gärung entsteht, verhindert aber das Eindringen von Hefen und Fremdstoffen von außen her. In Fachgeschäften erhält man günstig eigene Gärspunde mit einer Anleitung.

Der Gärungsvorgang

Nach der Zugabe der Hefe setzt innerhalb von 36 Stunden die erste, stürmische Gärung ein. Sollte die Reinkulturhefe sich jedoch nicht in einem entsprechenden aktiven Zustand befinden, dann kann es mehrere Tage dauern, bis sich eine Gärung bemerkbar macht. Die stürmische Gärung ebbt nach wenigen Tagen langsam ab. Dann stellt sich der zweite Gärungsprozess ein, der bei leichten Weinen 6–8 Wochen, bei schweren 3–4 Monate dauern kann. Nach dieser Gärungsphase klärt sich der Met langsam. Dann folgt die stille Nachgärung. Die Nachgärung kann sich auf ein Jahr erstrecken, insbesondere bei einem sehr süßen Wein.

Nach Abschluss der Hauptgärungsphase wird bei Traubenwein, so wie bei den verschiedenen Obstgetränken, der klare Wein, von

Hefe und Satz weg, in ein anderes Fass abgezogen. Das ist ohne Zweifel notwendig wegen der hier in Frage kommenden Rückstände. Ich bezweifle dagegen, ob eine solche Maßnahme bei Met angebracht ist. Alle unsere diesbezüglichen Befunde und Versuche zeigen eindeutig, dass eine längere Lagerung auf der Hefe, hauptsächlich bei einem süßen Wein, dessen Charakter und Güte entscheidend begünstigt. Wie bekannt ist, wird Sherry jahrelang auf der Hefe gelagert.

Nachdem die Gärung beendet ist, sollte Met mindestens 2 Jahre im Fass verbleiben. Zur Erreichung einer maximalen Güte und Vollkommenheit ist eine noch längere Lagerung unerlässlich. Allerdings, leichte wie süße Weine sind, sobald sie sich geklärt haben, angenehm und schmackhaft.

Wo Met auf lange Dauer in Holz gelagert wird, ist ein Nachfüllen von gekochtem Wasser wenigstens einmal im Jahr notwendig. Der Verlust durch Verdunstung ist oft ganz beachtlich.

Die Klärung

Manche Honigsorten klären sich nur langsam. Kleehonig ist ein Beispiel. Dieser flockt zuweilen aus wie mancher Rheinwein. In einem solchen Fall kann man mit etwas Hausenblase eine Schönung bewirken, und zwar mit etwa 8 g auf 5 Liter Met. Die Hausenblase wird in einer kleinen Menge Met aufgelöst und dann in das Fass eingerührt. Nach einer Woche hat sich der Met geklärt. Wir bevorzugen jedoch eine spontane Klärung und lassen dem Met die nötige Zeit dazu.

Behälter

Ich glaube, es wird nicht immer erkannt, dass Met, in kleinen Behältern zubereitet, nie die vollkommene Qualität erreichen kann, wie bei entsprechend großen Quantitäten möglich ist. Aufbewahrt in Steingut, Glas oder Behältern aus Kunststoff, kann er überdies nie richtig reifen. Dieser Reifungsprozess kann sich nur in Holzbehältern entsprechend vollziehen, wie bei allen alkoholischen Getränken. Dagegen sind für das Ansetzen Glas- und Kunststoffbehälter brauchbar. Zudem lecken sie nicht, wie das zuweilen bei kleinen Holzgefäßen vorkommt. Behälter aus Steingut eignen sich jedoch nicht; sie sind zu kalt. Die Hefe entwickelt sich schlecht bei Berührung mit Stein, besonders in kleinen Behältern dieser Art.

Honigsekt

Honigsekt oder Honig-Schaumwein wird bereitet, indem man den Met vor der Nachgärung in Flaschen abfüllt. Alle erstklassigen Perl- oder Schaumweine werden auf diese Weise erzeugt. Met, entsprechend behandelt und gepflegt, ergibt einen Perlwein ähnlich wie Champagner – und, wie Kenner bezeugen, von unvergleichlicher Güte.

Ich finde, die besten Ergebnisse sind zu erzielen, wenn Met Mitte September angesetzt und im nachfolgenden Februar oder März in Flaschen abgefüllt wird. Für Honigsekt eignet sich am besten eine Honiglösung mit einem spezifischen Gewicht von 1,058 oder, wie schon erwähnt, 1 ¼ kg Honig auf 5 Liter Wasser. Die Hauptgärung vollzieht sich vor Einbruch des Winters, und sobald sich der Met klärt, sollte die Temperatur so niedrig wie möglich gehalten werden, um die Nachgärung zu verzögern. Im Februar/März, also ehe sich wärmeres Wetter einstellt, wird der Met mit einem sterilisierten Gummischlauch in makellos saubere Flaschen abgefüllt. Dabei achte man darauf, dass der am Boden des Fasses lagernde Satz nicht aufgerührt wird und mitkommt.

Weil die gewöhnlichen Weinflaschen dem Kohlensäuredruck nicht standhalten, eignen sich nur die stärkeren Champagnerflaschen für diesen Zweck. Überdies darf der Honigmost auf kein höheres spezifisches Gewicht als 1,058 gebracht werden, denn sonst besteht die Gefahr, dass auch die Champagnerflaschen zerspringen. Ein Honigsekt darf nicht schäumen wie Bier. Beim Eingießen in ein Glas sollte das Aufwallen alsbald in ein leichtes Perlen übergehen.

Um eine gleichmäßige Temperatur und damit eine geeignete Nachgärung zu sichern, sollen die Flaschen liegend in Sand in einem trockenen Keller aufbewahrt werden. Die Korken, welche man hierzu verwendet, sollen von allerbester Qualität sein und 3 cm Durchmesser haben. Pfropfen aus Kunststoff, die heute allgemein für Perlweine verwendet werden, eignen sich ebenfalls für Honigsekt. Korken und Pfropfen müssen vor Verwendung steril gemacht und mit Draht gut niedergebunden werden. Ohne diese Sicherungsmaßnahme werden die Korken und Pfropfen durch den hohen Kohlensäuredruck ausgetrieben, mit dem vollen Verlust des Inhalts.

Honigsekt ist in 3–4 Monaten, nach der erfolgten Abfüllung in Flaschen, trinkfertig. Er gewinnt jedoch an Güte, je länger er gelagert wird. Ein guter Champagner verbleibt volle 5 Jahre im Keller, ehe er auf den Markt kommt.

Die Nachgärung erzeugt unvermeidlich eine weitere kleine Menge Hefe. Zur Erreichung der vollen Helle soll man die Flaschen ungefähr 2–3 Wochen vor Gebrauch aus dem Sand nehmen und aufrecht stehen lassen. Die Hefe setzt sich dann auf den Boden der Flasche, und der Wein kommt hell und klar auf den Tisch. Die Flaschen sollten überdies, etwa 2 Stunden vor dem Öffnen, in den Kühlschrank oder in einen Kübel mit Eis gestellt werden. Honigsekt sollte stets gekühlt in Verwendung kommen, wie auch jeder Met, ob süß oder trocken.

Die vorhergehenden Anweisungen zur Bereitung von Honigsekt wurden vor mehr als 20 Jahren niedergeschrieben und besitzen heute noch ihre volle Gültigkeit. Wir haben allerdings inzwischen festgestellt, dass mit einer zusätzlichen Maßnahme ein Honigsekt von noch höherer Güte erzielbar ist.

Ein Fass Met wird genau nach den soeben erläuterten Anweisungen zubereitet. Dieser Met wird jedoch volle zwei Jahre, oder noch länger, auf der Hefe gelagert. Zum entsprechenden Zeitpunkt wird ein zweites Fass derselben Größe mit Honigmost zubereitet. Beim Abziehen im Frühjahr wird dieser mit dem älteren Met gemischt. Der jüngere Met, der im Herbst zuvor angesetzt wurde, erwirkt die nötige Nachgärung und Kohlensäure in den Flaschen – ergibt jedoch in Verbindung mit dem vollreifen Met einen Honigsekt von unübertroffener Vorzüglichkeit. Um das Mischen zu vereinfachen, werden die Flaschen zuerst von einem Fass halb und von dem anderen ganz gefüllt.

Es wäre hier noch hervorzuheben, dass dem ersten Fass, nach der Hauptgärung, ein Extrakt von Zitronen beigemischt wird, jedoch die doppelte Menge, als in der folgenden Anweisung vorgeschlagen, denn das zweite Fass Met erhält keinen Extrakt. Auf diese Weise wird eine weit bessere Reifung und eine harmonische Verbindung der Beigabe erzielt.

Sack-Met

Was wir als Sack-Met bezeichnen, ist ein dem Sherry ähnlicher Met. Er kann in verschiedenen Süßigkeitsgraden bereitet werden, abhängig von der Honigmenge, welche man mit dem Wasser vermischt, und teilweise von Alter oder Länge der Lagerung in Holz. Für einen mittelsüßen Met würde ich 1 ¾ bis 2 ¼ kg Honig auf 5 Liter Wasser empfehlen; für einen vollen Dessertwein 2 ½ kg. Gibt man mehr als 2 ½ kg zu 5 Liter Wasser, dann verhindert der hohe Zuckergehalt eine befriedigende Gärung. Das Ergebnis wäre dann kein Met, sondern nur ein teilweise vergärter Sirup. Das spezifische Gewicht von 1,114, das einem Zuckergehalt von 26,06 % entspricht, sollte nicht überschritten werden. Herunter kann man bis zu 1,075 gehen; was darunter ist, gibt Met, der wenig Körper hat und mit der Zeit trocken wird. Ein Sack-Met, hergestellt mit 2 ½ kg Honig, benötigt eine Lagerung von mindestens 7 Jahren, aber ein Met dieser Güte hält sich auf die Dauer einer unbegrenzten Zeitspanne.

Es muss hier noch hervorgehoben werden, dass die Maury-Hefe, welche wir ständig verwenden, außergewöhnlich kräftig ist und bei entsprechender Pflege höhere Alkohol-Prozente erzeugen kann als andere Gärhefe-Reinkulturen – eine sehr wichtige Eigenschaft, insbesondere wo ein hoher Honiggehalt in Erwägung steht.

Metheglin

Sack-Metheglin ist ein Würz-Met. Er wird aus dem gleichen Most wie Sack-Met bereitet. Es wird hierfür oft eine Unzahl von Kräutern und Würzen empfohlen; in dem einen Rezept werden Thymian, Rosmarin, Hagebutten u. a. genannt; in einem anderen Rezept besteht man auf der Beigabe von Bittermandeln, Ingwer, Holunder, Hopfen und Rum; ein dritter würzt mit Gewürznelken, Muskat und

Zimt. Ich bin der Meinung, es ist besser, die meisten Zutaten wegzulassen. Um den Geschmack von Sack-Met und Honigsekt zu erhöhen, kann man Zitronenschalen beigeben, doch soll dies mit Umsicht erfolgen, obwohl Honig und Met sich mit Zitronengeschmack gegenseitig gut vertragen. Es genügt die Schale einer halben Zitrone für 5 Liter Honigwein. Am zweckmäßigsten bereitet man einen Extrakt mit den Zitronenschalen in Alkohol. Auf diese Weise gewinnt man den vollen Gehalt von den aromatischen Stoffen der Zitronen. Der Auszug wird stets nach der Hauptgärung dem Met zugegeben. Entsprechend unseren Erfahrungen eignen sich für Sack-Met Gewürznelken und Zimt sehr gut. Hier habe ich allerdings einen besonderen Honigmost im Gedächtnis, nämlich einen aus dem Rückstand von Heidekraut-Presshonig. Dieser Honig wird auf die folgende Weise gewonnen: Das Pressgut (die zerquetschten Wabenreste) wird im weichen Wasser aufgelöst, ohne dass das Wasser zum Sieden kommt. Der zuvor im Wachstrester enthaltene Honig befindet sich nun im Wasser, das vom Wachs abgezogen wird. Diese Honiglösung wird abgekühlt und dann nach der bereits geschilderten Weise gefiltert. Hernach soll dieser Most kristallklar sein und von intensiv rotbrauner Farbe. Der Most wird auf 1,114 sp. g. verdünnt und nochmals aufgekocht. Dieser spezielle Honigmost wird wesentlich verbessert durch eine Zugabe von 5 g Gewürznelken und 25 g Zimtrinde auf 5 Liter Honigmost. Sack-Metheglin, auf diese Weise gewürzt und zubereitet, kann sich, wenn vollreif, mit dem besten braunen süßen Sherry der Welt messen. Wir haben hier einen ganz besonderen Typ von Sack-Met, den man nicht vergleichen kann mit irgendeinem anderen Met oder Wein. Er hat einen eigenen Charakter, tief rotbraun in der Farbe, und dieser kristallklare Met widerspiegelt jedes Licht mit feuriger Glut, und es entströmt ihm ein so unvergleichlicher Duft, wie er bei keinem Wein aus Traubensaft zu finden ist.

Service

Nützliche Adressen

Gemeinschaft der europäischen Buckfastimker e. V.
Magnus Menges
Schulstraße 4
66909 Nanzdietschweiler
Tel.: 0 63 83 – 92 69 17
vorsitz1@dgdeb.eu
www.gdeb.eu

Angeschlossene Verbände
Baden-Württemberg: www.buckfastimker.de
Bayern: www.buckfast-bayern.de
Mecklenburg-Vorpommern: www.buckfast-mv.de
Niedersachsen: www.buckfast-niedersachsen.de
Nordrhein-Westfalen: www.buckfastnrw.de
Sachsen-Anhalt, Thüringen: www.buckfast-sat.de
Schleswig-Holstein: www.buckfast-sh.de
Österreich: www.buckfast.at
Schweiz: www.buckfastimker.ch
Südtirol: www.buckfast.it

Zum Weiterlesen

Zum Weiterlesen finden sie hier eine Auswahl an Imkerbüchern aus dem Kosmos-Verlag.

Imkern

Bentzien, Claudia: Ökologisch Imkern. Erfolgreich imkern nach den Regeln der Natur.

Bienefeld, Kaspar (Hrsg.): Imkern Schritt für Schritt. Für Einsteiger; alle Arbeiten rund ums Jahr.

Gerstmeier, David und Tobias Miltenberger: Ökologische Bienenhaltung. Die Orientierung am Bien.

Petterson, Joachim: Imkern – der leichte Einstieg.

Pohl, Friedrich (Hrsg.): Bienenkieste, Korb und Einfachbeute. Naturnah und erfolgreich imkern.

Pohl, Friedrich: 1 x 1 des Imkerns. Das Praxisbuch.

Pohl, Friedrich: Bienenkrankheiten. Vorbeugen, erkennen, behandeln.

Pohl, Friedrich: Moderne Imkerpraxis. Völkerpflege und Ablegerbildung.

Pohl, Friedrich: Varroose erkennen und erfolgreich behandeln.

Pohl, Friedrich und Jörg Knuppertz: Imkern rückenschonend und kraftsparend.

Pritsch, Günter: Bienenweide. 220 Trachtpflanzen erkennen und bewerten.

Spiewok, Sebastian: Imkern als Hobby. Der Weg zum eigenen Bienenvolk.

Staemmler, Gert: Imkern rund ums Jahr. Der immerwährende Arbeitskalender.

Weber, Johannes: Bienen halten mit der Bienenbox. Ökologisch imkern auf kleinstem Raum.

Weiß, Karl: Der Wochenend-Imker. Eine Schule für das Imkern mit Magazinen.

Über Bienen und Bienenprodukte

Bentzien, Claudia: Das Imkerbuch für Kids.
Bentzien, Claudia und Claudia Salata: Selbst gemacht aus Honig, Wachs und Co.
Bort, Rosemarie: Honig, Pollen, Propolis. Sanfte Heilkraft aus dem Bienenstock.
Gerstmeier, David, Tobias Miltenberger und Hannah Götte: Ein Jahr mit den Bienen. Wie sie leben, was sie tun und warum die Königin die Mutter aller Bienen ist.
Hainbuch, Friedrich: Bienen. Was Mensch und Biene einander bedeuten.
Hemmer, Cornelis und Corinna Hölzer: Wir tun was für Bienen. Wildbienengarten, Insektenhotel und Stadtimkerei.
Kelen, Joana: Tod einer Königin. Warum sterben Bienen wie die Fliegen?

Register

Fett gedruckte Ziffern beziehen sich auf die Bildnummer im Abbildungsteil (ab Seite 65).

Impressum

Umschlaggestaltung von Gramisci Editorialdesign unter Verwendung von zwei Farbaufnahmen von Michael van der Zee (links) und Thomas Rueppell (rechts) sowie Illustrationen von Paschalis Dougalis.

Mit 35 Schwarzweißfotos von Bruder Adam/Buckfast Abbey.

Alle Angaben in diesem Buch erfolgen nach bestem Wissen und Gewissen. Sorgfalt bei der Umsetzung ist indes dennoch geboten. Der Verlag übernimmt keinerlei Haftung für Personen-, Sach- oder Vermögensschäden, die aus der Anwendung der vorgestellten Materialien und Methoden entstehen könnten.

Unser gesamtes Programm finden Sie unter **kosmos.de**
Über Neuigkeiten informieren Sie regelmäßig unsere Newsletter, einfach anmelden unter **kosmos.de/newsletter**

FSC www.fsc.org MIX Papier | Fördert gute Waldnutzung FSC® C014889

Gedruckt auf chlorfrei gebleichtem Papier

1.–6. Auflage

8. Auflage

ISBN 978-3-440-16548-5
Redaktion: Angela Beck
Gestaltungskonzept: Populärgrafik, Stuttgart
Gestaltung und Satz: DOPPELPUNKT, Stuttgart
Produktion: Nina Renz
Druck und Bindung: Friedrich Pustet GmbH & Co. KG, Regensburg
Printed in Germany/Imprimé en Allemagne